突 破 认 知 的 边 界

定力

肖明 著

光明日报出版社

图书在版编目（CIP）数据

定力 / 肖明著. -- 北京：光明日报出版社，2024.1
　　ISBN 978-7-5194-7740-0

Ⅰ.①定… Ⅱ.①肖… Ⅲ.①成功心理－通俗读物 Ⅳ.① B848.4-49

中国国家版本馆 CIP 数据核字 (2024) 第 008499 号

定力
DINGLI

著　　者：肖　明	
责任编辑：谢　香	责任校对：徐　蔚
特约编辑：秦　尘	责任印制：曹　净
封面设计：余沧海	

出版发行：光明日报出版社
地　　址：北京市西城区永安路 106 号，100050
电　　话：010-63169890（咨询），010-63131930（邮购）
传　　真：010-63131930
网　　址：http://book.gmw.cn
E - mail：gmrbcbs@gmw.cn
法律顾问：北京兰台律师事务所龚柳方律师
印　　刷：天津鑫旭阳印刷有限公司
装　　订：天津鑫旭阳印刷有限公司
本书如有破损、缺页、装订错误，请与本社联系调换，电话：010-63131930
开　　本：146mm×210mm　　　印　　张：7
字　　数：125 千字
版　　次：2024 年 1 月第 1 版
印　　次：2024 年 1 月第 1 次印刷
书　　号：ISBN 978-7-5194-7740-0
定　　价：49.80 元

版权所有　翻印必究

前　言

　　生活中有太多的诱惑，金钱、荣誉、地位等，几乎是无处不在。权重的地位是诱惑，利多的职业是诱惑，光环般的荣誉是诱惑，欢畅的娱乐是诱惑，甚至漂亮的时装、可口的美味佳肴都是诱惑……面对这些诱惑，我们该如何抉择？

　　有这样一个故事，讲述了欲望和诱惑之可怕。

　　某个深秋的日子里，一位旅人在回家的路上碰见一只猛虎，慌乱中他走错了路，来到了悬崖边。在进退两难之际，他看见悬崖边有一棵松树，于是立刻爬了上去。可是，老虎追上来了。

　　正当旅人绝望时，他突然发现松树枝上垂下来一条藤蔓，于是抓住藤蔓往悬崖下滑，可是悬崖太高了，半天没有到底，整个人悬在了半空中。

　　往上看是饥饿的猛虎，往下看是波涛汹涌的大海，大海中更

有三条凶恶的蛟龙。更不幸的是,藤蔓的根部正在被两只老鼠啃咬着。正在这时,有些湿湿软软的东西掉落在他的脸颊上。他舔了一口,发现是蜂蜜。原来,藤蔓的根部有个蜂巢。

旅人舔着甘露般的蜂蜜,竟然陶醉了起来,忘了自己还身处岌岌可危的境地——被老虎、蛟龙上下夹击,而唯一的希望——藤蔓还被老鼠啃咬着。然而他一次又一次地摇动着那根救命之绳,忘情地沉醉在甘甜的蜜香里。

这个故事向我们描述了沉浸在欲望和诱惑中的人生实相。尽管面临九死一生的紧要关头,还非得一尝甘甜的蜂蜜不可,这就是人性的不堪与脆弱之处。

藤蔓会随着时间而磨损,而我们越来越接近死亡,却宁可危及性命也要去汲取"甘蜜",人是如此不能远离诱惑啊!

一位资深记者曾去采访某知名芭蕾舞团的首席女芭蕾舞星。当记者问她"您最喜欢吃的食物是什么"时,这位曼妙动人的女芭蕾舞星兴奋地回答:"冰激凌啊!"记者对这个答案感到非常惊奇,因为冰激凌含有很高的热量,吃多了会让体重增加,这对舞蹈演员来说可是致命的打击啊!于是,这位记者又追问道:"那您隔多久会让自己放纵一次呢?"女芭蕾舞星的回答是:"我至少有18年没品尝过那种美妙的滋味了!"

在日常生活中，像冰激凌的美味这样的诱惑是无处不在的。比如一家公司开出更高的薪水，让你离开已经服务近十年的公司；或者是一份唾手可得的私利，但需要你损害集体的利益……有时，这些诱惑会让人怦然心动！

但是，明智的人都知道什么对于自己来说是最重要的，什么是自己要舍弃的，就像冰激凌一样，再美味，也必须拒绝！但拒绝这种诱惑是需要莫大勇气的。

一颗缺乏约束的心灵是空虚的，游离的，就如同失去了家园的灵魂，失去了根的大树，失去源头的大江，只能堕落、只能枯萎、只能干枯……

人的一生，总是要经历许多不可预测的事情，但是守住最后的防线，心存高洁，不做灵魂上的背叛者，这是我们应该学会并坚守的。

岁寒，然后知松柏之后凋也；抵诱，然后知其人之正直也。

面对诱惑，有的人能够战胜它从而做出惊人的伟业，有的人却成了它的俘虏；面对诱惑，有的人能够守住精神的底线，有的人却成了道德的叛徒；面对诱惑，有的人能够参悟人生的真谛，有的人却跌倒在地狱的深渊里。

一个人如果没有自制力，任由冲动和激情支配，那么他可能

会放弃道德，随波逐流，最终成为追逐欲望的奴隶。

我们的人生要有所收获，就不能让诱惑自己的东西太杂太多。心灵里累积的烦恼太芜杂，努力的方向就会趋于分岔。我们要简化自己的人生，就要学会选择，懂得放弃，要学习经常清理自己，把自己生活中和内心里一些不重要的东西断然放弃掉。

《金刚经》中说："一切有为法，如梦幻泡影。如露亦如电，应作如是观。"只有沉下来，由定生慧，做到六根清净、处变不惊，耐得住寂寞，禁得起诱惑，心如止水不动尘，方能大彻大悟，提升人生的品质，实现人格的净化，从而达到大自在的人生境界。

我们的身体、想法，以及身外的万事万物，都因缘而生，缘尽而灭，就像一场梦一样，去了就了无痕迹。如果常想想这些，就该知道人生无常，而发起修行的心。所谓修行，就是通过身心的修行而回归自我的本真状态，就能放下一切，达到无我的境界。

古往今来的智者贤者，之所以能够成就大事，莫不是耐得住寂寞，禁得起诱惑，安于平静，追求内心的纯净。我们要找回失落的生命价值，就必须从对贪欲的执迷不悟中退出来，找回生命中第一性的东西，还生命以清净和自由。

著名作家刘墉说过："年轻人要过一段'潜水艇'似的生活：先短暂隐形，找寻目标，耐得住寂寞，经得起诱惑，积蓄能量；

日后方能毫无所惧,成功地浮出水面。"

用定力抵制诱惑,让自己有暇思索人生、规划人生,让自己获得一份心灵的宁静!

用定力抵制诱惑,纵然落寞一时,但能幸福一生。

目录
contents

第一章 人间清醒
允许一切发生，我自岿然不动

人的价值，取决于他在艰难时刻的选择　　002
扛得住，世界就是你的　　009
内心有力量的人，不会介意偶尔示弱　　013
决定人生高度的不是出身，而是眼界和格局　　017

第二章 慢煮生活
能安之若素，才配得上世间繁华

生活本不苦，苦的是欲望太多　　024
小欲望，小满足，才是大幸福　　028
别让你的努力，最后都败给焦虑　　032
活在当下，把握现在　　037
沉住气，才更容易得到理想的结果　　041

contents

第三章 认同自己
听一万种声音,但只成为自己

对自己好一点儿,该吃吃,爱谁谁	046
趁还年轻,坚守自己的意愿	050
不要为了任何事去讨好任何人	055
以自己喜欢的方式过一生	059
平庸与独特往往只是一步之遥	064
不要在别人的世界里过自己的人生	068

第四章 心有所定
此心不乱,万事皆安

浮躁的时代,我们需要一颗淡定的心	074
人一简单就快乐,一世故就变老	078
你的坚持,终将收获美好	082
有些路,总要一个人走	085
凡事有交代,是一个人最好的品质	091
即使低到尘埃里,也要把梦想高高举起	095

第五章 掌握情绪
遇急能静,遇怒能止

掌握情绪,才能掌握自己的未来　　　　　　100
优秀的人,从来不会输给情绪　　　　　　　104
你的脾气,暴露了你的教养　　　　　　　　109
一旦冲动决堤,生活则将失控　　　　　　　113
为小事计较,只会显露你的浅薄　　　　　　116
微笑着原谅别人的无心之过　　　　　　　　120

第六章 忠贞不渝
默然相爱,寂静欢喜

人生足够长,你能遇见合适的人　　　　　　126
爱情不盲目,才会有美好的结局　　　　　　131
相处不累才最重要　　　　　　　　　　　　136
彼此吸引,又各自独立　　　　　　　　　　140
留一点儿空白,像不爱那样去爱　　　　　　145
并驾齐驱的爱情,才能走得长远　　　　　　150

contents

第七章 界限分明
守住自己的本分，不苛求他人的情分

好的合作关系里，是找盟友而不是交朋友	154
你的事就是你的事，与别人无关	159
没有什么事是理所当然的	163
学会拒绝，可以让自己变得更珍贵	166
不打扰，是人生最高级的修养	170
不要因为害怕寂寞，而选择合群	175

第八章 不惧将来
时间和我都在往前走

岁月静好离不开砥砺前行	180
你想要的，岁月都会给你	184
只要坚持，梦想之花终将绽放	190
平凡简单，安于平凡不简单	195
别为了一时舒适，透支了未来的自由	199
趁一切还来得及，去做自己喜欢的事	204

第一章 人间清醒

允许一切发生,我自岿然不动

人的价值，取决于他在艰难时刻的选择

▸

　　有一个很具代表性的问题：为什么有些人能承受生活苦难的压迫，却不愿意主动去吃学习的苦？

　　在这个问题上，我觉得最好的答案就是——生活的苦是被动的，你只能承受；而学习的苦是主动的，你可以选择吃或者不吃。我们中的大部分人都习惯于停留在舒适区域，因为他们没有主动选择吃学习的苦，所以才有了后面的被动承受的生活的苦。

　　的确，在能舒适的时候选择主动吃苦，对于大部分普通人而言都太难了。而在艰难时刻做出正确选择的人，都是有超强心智的。

　　我想起曾经在某网站的节目中，看过一个关于普通人在这个时代如何逆袭的访谈。

　　接受访谈的几个人都是成功人士，其中一个尤其令我印象深刻。

　　他说，其实他逆袭的原因很简单，就是他总是做出和大多数人相反的选择。

当年，其他同学工作赚钱后，都急切地想要把挣来的钱回馈父母。这种想法原本是再正常不过的，因为举全家之力供出一个大学生本就不是一件容易的事情，可正是这样的想法，局限了他们自己的思维，让他们的发展始终跳不出原生家庭的圈子。

当时大部分同学的思维都是这样的：爸妈供自己读书不容易，好不容易毕业，终于可以赚钱了，可以反哺自己的家庭了。

他的想法却与那些同学不同。

考虑到自己出身农村，若他只从眼前出发去思考未来的发展路径，几年之后可能还是只能回到原点。想要获得更大的职业竞争力，必须从长远规划，增强他整个家庭抵御风险的能力。

他综合比较分析之后，决定去寻找有更多发展空间的工作。

关于第一份工作，他最在意的是工作之余还有没有时间去学东西。为此，他拒绝了很多薪资高但是工作节奏比较紧张的工作，选择了一份强度适中，且业余时间充足的工作。

看到很多同学都一脸兴奋地向父母上交自己的工资时，他内心也挣扎过，但他依然心如磐石，并没有急着把钱交给父母，而是用来继续拓展自己的技能。

他说，毕业后的那几年特别关键，是他人生的加速期，既要检验和完善自己在学校里学到的理论，也要避开外界的狂欢与浮躁给自己带来的干扰。

毕业后的3年里，他利用工作之余学会了计算机编程技术。后来，他靠着这个编程技术进了一家国内知名的计算机公司，年薪约70万元。

谈到这里，主持人和他开玩笑说，这个时候你的父母应该觉得松了一口气吧。

他笑了，父母对他的人生未来是松了一口气，但对他们自己的未来还悬着心呢，因为他这个阶段，还是没有"上交工资"回馈父母。

主持人问他为什么，他说，他又一次做了一个"非主流"的选择：他用攒下来的工资付了一套房子的首付，还给父母买了价格不菲的商业医疗保险，规划好了父母生病养老的问题。

剩下的钱，他全部用作了自己的学习成本，在职读完了硕士研究生，接着又考上了博士。因为自己在IT行业挣的高薪攒下了积蓄，所以他的经济压力小了很多，可以安安心心地做科研。当他的很多同学因为在工作上透支身体，而年纪渐长逐渐呈现出疲态时，他已经不再需要做持续熬夜加班的计算机工作，而是靠自己的科研成果升上了大学副教授，在不降低生活质量的前提下换了一份轻松的工作，因此他的精神状态看起来也显得很好，而且业余时间充足。

在经济上，当他的众多同学深陷在小家和大家的两头开销里时，他给父母买的高额商业保险在这时显现出了良好的效果，让他不至于因为需要负担小家和大家的巨大开销而感到捉襟见肘。

他说，其实他很多同学毕业后，都是为了求职而求职。有些原来专业成绩不错的，看到某个单位待遇好，就急哄哄地跳槽；有些原来不擅长某个领域的，因为单位能提供一些微薄的福利，就抱着试一试的心态在单位里混日子；还有一些同学明明待在企业里会有更大发展前景，却为了追求父母口中的稳定，选择了毫无技术含量的闲职，有点儿空闲时间就打游戏，几年后抬头再看世界的时候，发现自己已经被世界远远甩在了身后。

他们从同样的学校毕业，因为不同的职业选择，获得了不同的人生际遇。

很多人从学生时代就背负了极大的心理负担和道德束缚。他们一毕业就盲目追求"看起来的经济独立和自信成熟"，着急忙慌地参加工作，急切希望回馈父母。

他们呈现出这样的状态，就是因为他们所有的决策都只是满足眼前需求，而不是从长远出发做整体规划。其实在刚毕业的几年里，父母尚有劳动能力，并没有到亟待孩子必须回馈的地步。而处于发展关键期的孩子，一旦错过了职场上自我提升的机会，就无法再回头。

很多时候，人顺从了自己人性上的某些情感需要，却往往埋

下了人生规划偏差的隐患。当我们迫切地想要证明自己的存在价值，想要用物化自己的方式把曾经为学习投入的成本快速变现时，这种固化思维带来的惯性，会让我们在本该需要调用理智进行长远规划的时候，却被情感俘获，毁掉了自己的前程。

如果延迟一下学习的回馈期，不走急切地满足自己—毕业就回馈父母的那种与生俱来的道德感的路径，而是静下心来分析一下自己更适合做什么，就不会因为这种快速变现而减损自己本来更应该去实现的人生价值。

如果抛弃限制我们的固化思维，更清醒地面对我们所处的世界，拒绝满足眼前的舒适，忍一时之痛而获得今后的安逸，那么我们就不会只能一直被动承受生活的压迫。可惜，我们习惯了被动接受世界或是他人的要求，一旦需要自己做决定，我们中的大多数人都没有主动选择的勇气。

有一个朋友对我说，当我们作为一个学生"喊口号"时，都误认为自己已经明白我们更应该做的是"重要但不紧急的事情"，但在人生的旅程中，我们常常会本能地用自己情感的惯性去处理事情，优先选择做那些"紧急但不重要的事"。因为以这样的选择去处理一件事，是大多数人的本能。

但只要仔细观察，我们会发现，很多优秀的人正是因为"反本能"而优秀。它是一种自我克制，这种克制是分析后的结果，包含着高级的理智思维。正是这种更高级的理智思维决定了我们的人生价值，因为它代表着我们观察事物的眼光和思考问题的深度。

可是，也正因为这样的选择大多太过艰难，所以绝大部分人都做不到。

其实，如果我们愿意把目光放得长远一些，从整个人生层面剖析自己，提升自己的思维格局，我们就会看到，能否拥有人生的很多领先优势，就在于我们能不能做出先人一步的选择。一旦我们始终顺应本能，无限放纵欲望，我们的人生就会如同多米诺骨牌一般，产生一系列的连锁反应，永远被动地处在一种追赶命运脚步的状态里。

而这一切问题的源头，其实就是我们的认知出现了偏差。我们难以跳出当下本能需求带来的思维局限，看不到未来的隐患，总是依照惯性来做选择。能不能清醒地看到以后的方向，能不能明白当下什么最重要，都取决于我们是否拥有高级心智。

因为，真正决定我们的价值的，是我们能在命运的关键点上成为自己的高级决策者。因为在这些关键时刻，我们需要运用更高级的理智思维，需要摒弃本能中的那些惯性。它是如此痛苦，如此违背惯性，因而也就注定了能做到这个层面的人永远都是少数。

当我们明白了这一切,在需要做出选择的时候,就可以时刻提醒自己,不要只依照本能和情感去做事,一定要综合所有条件,考察这个决定到底符不符合我们长远规划的需求,到底会不会影响我们实现自己的长远目标。只有这样,才不会错过提升自己竞争力的最佳时机,也不会再三地将自己陷入不停追赶命运的被动境地。

扛得住，世界就是你的

▶

有的人生活不如意或者不如别人幸福的时候，通常这样抱怨："谁不想努力奋斗啊？谁不想让自己过得更好啊？可是这个社会本来就不公平，那么多人都走捷径，为何我非要按部就班呢？"

诚然，一些人一出生就能轻易得到很多东西，但他们也不是随随便便就能成功的，他们付出的努力往往比我们想象中多得多。

我们承认这个世界有不公平的地方。但正因为这种不公平，才会让那些努力的人更加努力。乐观积极的人总会笃定向前，只有那些懦弱懒惰的人才会找借口为自己的失败开脱。

小蕊小时候很不幸：父母离异，父亲再婚，后妈不讨喜。生母身体不好，只能偶尔做点儿零工，家庭贫苦，母女俩相依为命。

不过，小蕊并不抱怨，对于这一切她都坦然接受。她性格非常随和，追求她的人很多。按说她找一个家庭条件不错的男朋友无可厚非，这样不仅能让她的生活好很多，还能让她母亲尽快过上好日子。可是小蕊没有那么做，她选择了一种在别人看来很辛苦而自己却乐在其中的方式。

上大学的时候,为了补贴家用,她开始做各种兼职,同时,她的学业也没有落下,连续4年都拿到了国家奖学金,还拿了好几个有用的证书。在同学们都忙着玩乐的时候,她早就为以后做好了准备。

大学毕业后,同学们的第一份工作都很普通,而小蕊却受聘于一家有实力的企业,而且还是那家公司主动与她签约的,惹得同学们一阵艳羡。

后来,小蕊通过自己的努力步步高升。7年之后,她坐到了公司高层的位置,每年的股东大会上都有她忙碌的身影。她成就了一段属于自己的传奇。

如果她当初没这么笃定,肯定不会有今天的成绩。

职场得意的她,在情场上也开花结果了。她决定结婚,对象是从大学就开始追她的郑先生。郑先生家庭条件好,对她也一心一意,这么多年从来没有变过心。

私底下,有人问她为什么到现在才嫁给郑先生。

她开玩笑地说:"我要通过自己的努力证明是我下嫁给了他,而不是我攀上了高枝。"

小蕊就是那么要强,任何事都要靠自己的努力去完成。她曾说:"奋斗能让我切实感觉到呼吸的顺畅。"她的经历在外人看来很不容易,但她的内心是极其踏实的。

努力或许不会那么快改变一个人的生活,却可以提高生命的质量。

当今,社会资源如此丰富,机会也遍地都是,你说竞争激烈,放眼望去没有方向,可即使挤不上独木桥,也可以选择游泳,不是吗?是一步一步前进,还是选择苟且妥协,都由你自己决定。你说周围的氛围不好,朋友们都不看书和学习,同事们也都得过且过,所以你才会被"拉下水"。但话说回来,如果你连自己都管不了,湿了鞋子还埋怨别人,最后除了欺骗自己,根本不会有任何益处。

人总要学着掌控和管理自己,勇敢地面对诱惑,面对挫折,面对人性中的各种阴暗面,比如虚荣、攀比、贪婪、嫉妒、懦弱、懒惰、撒谎等,只有这样才能让自己的人生朝着更好的方向发展。

面对困苦和挫折,你要有正视它、解决它的勇气。只要你能掌控自己的思想和行为,任何困难和挫折都只是暂时的。扛得住,一切便都是你的。

你必须懂得人生的意义是什么,懂得什么是善、什么是恶、什么是黑、什么是白,知道什么事情可为、什么事情不可为。犯错、失败并不可怕,可怕的是犯错、失败之后,你不敢从头再来,而且继续选择苟且,选择妥协。

其实所谓青春,不是比谁的颜值高、谁的衣服漂亮、谁的名

牌多、谁的追求者众,这些东西只有那些爱慕虚荣、不自信的人才会特别在乎。现在很多年轻人很容易受到社会环境的影响,降低对自己的要求,不知道该在乎什么,不该在乎什么,长此以往,对于个人的发展是极其不利的。

年轻的时候,我们应该在乎的是谁比谁更刻苦读书,谁比谁更努力工作,相信未来属于每一个艰苦奋斗的人。我们不伤害别人,也不要被别人伤害,懂得保护自己,不出卖自己的身体和尊严。所有的外界物质都是有价的,而自己的生命和尊严是无价的。只要你时刻都注意调整自己的心态,相信努力奋斗的意义,风雨过后就一定会有彩虹。

除此之外,你不要被世俗的目光所羁绊,不要因为别人的负面评价就"破罐子破摔",也不要因为生活的不如意、亲情的淡漠、爱情的失意或者友情的背叛就改变自己一直坚持的道路。只要道路是光明的,你就应该坚定不移地走下去。

将东西抛向高处,你要花费很大的力气,可是要将它向下扔就毫不费力了,人生也是如此。进步的道路总是艰难曲折的,退后一步却是那样容易。人的一生就是奋斗的一生,你得控制自己对于安逸的贪念,迎着寒风坚定不移地前进。有时候苦难多一些,阻碍多一些,对一个人来讲未必不是好事情。

内心有力量的人，不会介意偶尔示弱

▸ 某天晚上，陪父母看一个选秀的综艺节目。

选秀节目里的很多参赛者都才艺出众，纷纷在比拼环节使出浑身解数，争取能晋级到下一轮。比赛过程中，有一个人引起了我的注意，她几乎没有什么突出的才艺，在自我陈述和表演时，还显得有些笨拙。她发挥得并不完美，记者采访她时，她说着说着突然流下了眼泪。

她的突然失态让身边的记者都有些慌神，显然这个环节并非主办方的刻意安排。她抽泣着接受采访说，虽然参加了这个选秀节目，但是她本身只是一个特别普通的女孩，也没有什么条件去做才艺培训，她只是希望通过这个节目，得到一次成长、蜕变的机会。与她相反的是，另外一些参加选秀节目的姑娘在接受采访时，按照惯例感谢了一大堆人。

我父母叹息道："这个爱哭的姑娘，最后肯定会被淘汰。这是节目，怎么能在人前示弱呢？"

让父母大跌眼镜的是，当主持人宣布投票结果时，这个爱哭

的姑娘的得票数居然高居前三,成功晋级到了下一轮。

接下来,这个综艺节目到了日常培训环节。小姑娘在学习才艺的过程中还是一副笨拙的样子,但是有一点儿很不错,尽管她经过反复训练之后水平也没有提高多少,但不管网上怎么批评她,她始终都咬牙坚持,把不算高水准的最佳状态展示给观众。

我朋友在和我谈到这件事时说,在当下这个时代,很多人喜欢的就是真实。什么是真实?真实就是不完美。一个人,如果能活出自己最真实的状态,哪怕缺点很多,也能获得别人的认可。主动袒露自己的缺点,会给人一种真实的感觉。

我说,应该不仅仅是这样,这个姑娘身上的真实感,带给她一种不完美的坦荡,她知道自己的短板在哪里,但她并不像其他人那样羞于将自己的弱点展示出来,她愿意在众目睽睽下接受和承认自己的缺点,并让别人看到自己为这种短板做出的努力和改变。

只有内心真正有力量的人,才敢于向这个世界示弱。

这个世界上有太多人想掩饰自我,他们会编造各种借口以逃避面对自己身上真正的问题,会羞于向这个世界示弱。"胜者为王"是他们唯一信奉的标准。"知道自己并不完美""承认自己做不到某些事"对于他们而言,无异于奇耻大辱。

我就遇到过一个处处想超过别人的人。

别人买了一件新衣服，她说："身材那么差，衣服档次再高又有什么用。"

同事的子女考上了一所不错的大学，她阴阳怪气地来一句："考上大学有什么用，清华毕业的人也有找不到工作的。"

别人升职加薪了，她说："她能力那么差，谁知道背地里用了什么样的手段。"

其实，她这样的姿态，并没有在别人心中留下好印象，反而让别人觉得她盲目自大。

我曾经对她说过，这个世界上并不存在每一方面都胜过别人的人，适当示弱，你会活得轻松一些，也会活得开心一些。

像她这样的人，在日常生活中并不少。我们中间有很多人，在学校里接受到的教育就是勇夺第一，不管在哪个方面，都要力争做到最好。事实上，做到最好，并不是要事事争第一。这二者之间，是有差异的。每个人的天赋、基因、性格都有差异，这注定了不可能每个人最后都能赢。事实上，每个人都能赢只是一种愿景。输是正常的，不输，我们就无法知道我们到底还有什么地方存在不足，就无法取长补短。敢输的人，才是真实的人，勇敢的人，有力量的人。因为他们敢于面对自己的缺憾。

有一位知名博主，有一次在写到朋友时他是这样说的：朋友虽然是已婚状态，但是过得比单身还累，因为他太好胜，从不示

弱。在工作上好胜,不做到业绩第一不罢休,他手下的员工离职率一向是最高的;在家庭里也好胜,每个家庭成员都要听他指挥,对妻子和儿子稍有不满就发脾气。当他来问我为什么他付出了这么多,到最后大家不仅不感激他,反而埋怨他时,我都不知道该怎样答复他。

这个事例告诉我们,一个人活得面面俱到,处处不愿意示弱时,反而身心俱疲,感受不到快乐。

其实,真正的力量不是强撑,而是绵绵不绝,强撑的力量不会持久。当一个人懂得示弱时,他就无法背叛真实的自己,反而会因为有了缺憾而显得更加真实,也会因此而显得更加强大。

那些处处渴望赢得第一的人,恰恰是因为自己有弱点。他们害怕自己一旦示弱,很多人和事就会脱离自己的掌控,就不得不去面对自己的性格缺点,看到自己那份真实的虚弱。

而只有当我们真正强大起来时,才会看到第二名的"可爱",看到第三名的"活泼",看到笨拙地活着的暖心和不甘示弱者强撑着活着的姿态。

决定人生高度的不是出身，而是眼界和格局

▶

朋友在微信上给我发了一个视频，内容是关于一个国际知名企业家的创业历程访谈。当主持人数次提到他在商业领域的独到眼光和技术优势时，他都礼貌地表示，他现在的一切成就，并不完全是靠自己的努力得来的。

他说，他之所以能成为别人眼中的成功人士，一是因为他生在一个好时代，二是因为他运气好。他看到了外面广阔天地后，拥有了国际视野，才获得了现在的领先优势，这些皆是环环相扣，缺一不可的。

他告诉观众，自己原本是一个资质很普通的学生，毕业后应聘到了一个相对清闲的单位，工作性质看起来就和养老差不多。到单位后不久，他便熟悉了单位的情况。当他得知单位有外派德国学习的机会后，他萌生了要去德国见识更广阔天地的想法。因为他在学校学的是机械，平时又喜欢钻研机械技术，他很希望能通过单位的外派得到去德国学习机械技术的机会。一旦下定决心，他便开始每天凌晨5点钟起床学德语。

和他一起进单位的两个同事,对他的这种做法提出了疑问,他们嘲笑他说,在这种和养老院机制差不多的单位工作,学这些东西干什么?他们现在的工作随便混混就行了,又不需要那些复杂的机械技术,而且这个制度一直如同摆设,这个机会也从来没有谁得到过。

同事甚至告诫他,既然已经找到了这样旱涝保收的工作,就不要再想跳槽的事了,安心存几年钱,也足够他买房买车,在小县城里舒舒服服地过上普通的安定生活了,为什么还要如此苛待自己,跑到国外去受那"洋罪"。

他并没有因为同事的这些质疑而动摇自己学习的决心,那些同事说过他几次后,看他不为所动,也就渐渐地疏远他,从此任何娱乐活动都不再叫他。

虽然成了单位里不合群的怪人,但他也不太在意。学了一年多德语后,他向单位申请到了公费外派学习的机会,在德国学习了大量先进的机械技术。

学成回国一年多后,因为国家政策变动,他原来的单位被合并了,躺在老岗位上吃闲饭的同事都傻眼了。而他却凭借自己在机械方面的专业技术,很轻松就找到了一份高薪的工作,这份工作攒下来的钱成了他开辟自己事业的第一桶金。

谈到这里时,视频里的主持人称赞他有先见之明,他却摇摇头说，商业社会中的洗牌无时不在，但站得更高看得更远的人始终会比那些躺着吃老本的人更具领先优势，也更有竞争力。

这个访谈让我想起了网上有个人讲述过的，关于他自己的家庭如何实现格局跃升的故事。故事讲述者的父亲很早之前就在某四线城市做到了高级工程师的位置，若是他们的家庭就此偏安于一隅，也未尝不可。但是他的父亲并没有故步自封。为了让自己的孩子——也就是故事的讲述者获得更开阔的眼界和更高的格局，拥有更高的起点，他的父亲辞去了小城市的"铁饭碗"，咬牙北上，到大城市重新打拼。为了让他上学方便，父亲又贷款在北京买了一套房。举家搬到北京后，他父亲为了还房贷，开始学习现代先进技工技术，这些技术大多是从国外引进的。为了看懂这些书，40多岁的父亲，还坚持每天背2个小时的英语单词。

靠着这样的刻苦精神，他父亲终于在北京扎下了根，还送他去英国留了学。

他说，当初和父亲在同一个单位的那些叔叔阿姨的孩子还在为大学毕业后如何在大城市买房立足而焦头烂额时，他已经精通了好几个国家的语言，在国外找到了一份既能开阔视野，又能保证学习时间的工作。他说，对比之前在同一个地方的那些叔叔阿姨的孩子，他很庆幸，如果不是他父亲当初主动打破了自己的舒适区，跳出了小地方对眼界和思维的限制，他也就无法比别人拥

有更高的起点。

不接触未知世界，不敢主动走出"令我们觉得很舒适"的环境，尽量按照现有的模式生活，将眼前所能看到的一亩三分地照料好，是远古时代的恶劣竞争环境留在我们基因深处的记忆惯性，也和我们一直以来的学习经历和受教育模式有关。

毕竟，我们大部分人从小学到大学受教育的经历都被限定在一个相对封闭的小圈子中，所接收到的信息也十分有限。但在学校里，只要留心观察，你会发现，总有几个不受课本限制涉猎广泛的人；在社会上，也总能看见一些不受环境影响突破惯性思维，主动把握自己命运脉搏的人。

吴军在《见识》一书里提到过一个细节，他是做语音识别技术的，20年前在国内是领先技术。在一次国际学术交流会上，对比约翰·霍普金斯大学、麻省理工学院、卡耐基·梅隆大学的顶尖技术时，他才发现自己原来的技术领先优势根本算不上什么。

认识到这一点之后，他放弃了自己在国内的一切，到约翰·霍普金斯大学研修博士学位，见识了许多世界级的计算机大师，同时还接触到了许多国内根本接触不到的先进的计算机语音识别技术。

回忆那段经历时，吴军感叹道，如果没有那次学术会议，他可能还会一直陶醉其中，自我感觉良好，不会发现外面的天地有多大。

其实，要打破固有认知，跳出自身格局限制，目光一定要远大，不能被眼前小平台上的成就和一时的安逸冲昏头脑。人与人之间的差别不仅仅在于智商，有时反而在于心智。那些心智成熟早的人，他们会对自己有更清晰的认知能力。谋定方向，才能高瞻远瞩。我们所说的高格局，其实就是打破了思维的限制，认识发展的本质，不限制自己对未来的想象。这样才不会故步自封，而是时刻保持警惕，想象着在自己所认识到的世界之外，还有更广阔的天地等待自己去发现，去探究，去学习。而一个人为梦想而付出努力，需要这样明确的思维体系和认知格局来支撑。一个高格局有眼界的人，很快就能看清世界的本质，突破自己所处环境的限制，不拘囿于一时一地的成功，而是始终以顶级的"牛人"和"技术成就"为自己的目标。

而那些随波逐流，永远被环境左右，生活给什么就要什么的人，也许活了一辈子也没能摆脱固化思维。他们习惯被动接受，习惯追随群体中大多数人的做派，无法跳出自身的环境限制，看到比自己眼前更深更远的风景。

有人说，决定我们人生高度的，是我们当初的起点。但在起点之外，我们能走多远，靠的是眼界和格局。而决定我们眼界和格局的，是我们的心智。心智越成熟的人，就越会警惕大家口中的安逸环境。当一个人对世界具备了深度的理解能力，他就不会

只满足于当下的舒适,而是从全局出发,用长远的目光去看待人生。这样他就不会被表象迷惑,也不会轻易被周围的环境影响。因为心智的力量能让人具备分辨能力,眼界能让人不被现状迷惑,格局能让人突破自己,按路径规划一步步实现宏大目标。一个人有了这样的认知,就有了守护自己心灵和思想的支撑,不会轻易为他人的语言攻击而动摇;不会为那些看起来很美但根本不适合自己的东西而动心;不会被世界浮躁和喧嚣的表象所干扰。

卓越的人身上大都有一个共同点,那就是他们自始至终不相信自己仅止于眼前的苟且,他们确信自己还会拥有诗意的远方。很多世俗意义上的成功者,都能以更高的眼界,站在更宏伟的人生蓝图上为自己制定目标,并坚持不懈地朝着这个目标努力。这些品质,让一个人敢于突破,不把自己拘囿在固有的认知里蹉跎岁月。

此外,不做一个仅满足于当下成绩,头疼医头、脚疼医脚的人,才是应对人生未知风险最保险的方式。外部环境没有人能控制,但如果我们始终能按自己树立的终极目标自我要求,即使有天跌到最差的环境里,我们也会比那些一直停留在自我舒适区的人拥有更强的风险抵御能力。试想,如果人生也是一场命运给我们的考试,那么那些复习到掌握十成的人一定会比复习到三成的人更有把握。

第二章 慢煮生活

能安之若素,才配得上世间繁华

生活本不苦，苦的是欲望太多

▸

　　35岁的木先生是一家公司的客户主管，经常奔波于各大城市之间。那是一个周五，木先生上午抵达昆明，中午约见客户，下午6点搭飞机返回。本想早点回去能陪陪女儿，谁料飞机晚点，他只好在候机室等待。焦急、愤怒、烦躁……一股脑儿全涌了上来，他起身又坐下，来来回回地走动。

　　旁边座位上的一位老者见木先生如此焦虑，便说："坐下来等吧，着急也没用。不如欣赏一下这新建的长水机场，再多呼吸一点儿春城的空气。"木先生笑了笑，开始坐下来和老者闲聊。

　　老者问木先生，是不是出差办完了事，准备回家。他点点头。

　　老者说："看你这么瘦，别太累了，身体重要。"

　　他带着些许无奈说："不努力怎么行呢？供养着一家老小，生活成本那么高。"

　　老者笑着说："养家确实不容易。生活成本高，但很多东西都是我们不需要的。我跟老伴住在天津，房子只有40多平方米，我觉得足够了，再大反倒显得空荡荡的。儿子从南开大学毕业后到英国读书,前几年刚回国,工作也不错,他买的房子也不过90平方米,一家三口住,两室两厅够大了。不必要求太高,这些要求给你带不来快乐,只能让你身上的担子更重。"

木先生听着老者讲的那些事,偶尔也会反驳两句,说说自己的处境以及看法。也许是年龄和阅历的缘故,老者显得很随和、很宽容,他说:"等你年纪再大一点儿,也许就会明白什么是真正的生活,什么是人生中最重要的东西了。"木先生明白老者的话,只是不完全认同。毕竟是两代人,生长在不同的环境下。在木先生的观念里,成功和幸福的代名词就是名利双收。

聊着聊着,时间转眼就过去了一个多小时。老者乘坐的航班已经准备登机。临别时,老者的脸上带着慈祥而温暖的微笑,看着木先生说:"等你到60岁的时候,再想想我今天说的话有没有道理吧!"

望着老者远去的背影,木先生心里一阵感慨。回顾自己辛苦打拼的这十几年,一路跌跌撞撞,实属不易,熬出了一个经常生病的身体,一个暴躁的坏脾气。每月赚5000块钱的时候,还有睡懒觉的工夫,还能跟朋友小聚一下;现在每月拿2万块钱工资了,反而累得每天失眠,像一只烦躁的狮子。曾经为了升职,还单纯地想过可以不要孩子,而现在想起女儿的笑脸,却感觉什么都没有她重要。

想到这些的时候，木先生突然有点理解老者的话了。也许体会没有老者那么深刻，但至少他认识到了，生活是一种选择。选择名利富贵，为之付出一切；选择恬淡悠闲，享受简单朴素。但无论哪一种选择，都无法改变一个事实：那些拼命追寻的东西，未必都是真正需要的，就像世人常说的"家财万贯，日食不过三餐；广厦千间，夜眠仅需六尺"。财富永远只是身外之物，差不多就行了，多了只会拖累和妨碍个人的自由。

当年，几位学生怂恿苏格拉底到雅典的集市上逛一逛，说那里很热闹，还有数不清的新鲜东西，保证他去了会满载而归。第二天，学生们围着苏格拉底，非要他说说逛集市有什么收获。苏格拉底说："我最大的收获，就是发现这个世界上原来有那么多我不需要的东西。"

这是哲学家对生活的感悟，超然物外。据说，苏格拉底一直过着清苦的日子，只穿一件普通的单衣，经常不穿鞋，对吃饭也不是很讲究，但对于真理的追求却无比狂热，最终为真理奉献了生命。

我们或许不必像苏格拉底这般，但至少也该学会调整心态，明白生活真正需要的不是豪宅名车，不是奢华炫耀，可能只是陪伴家人吃一顿团圆饭，与爱人和孩子毫无隔阂地谈谈心，有一份可以满足温饱的工作，有一颗素朴而善良的心，累了的时候卸下所有的压力，安静地看一会儿书，美美地睡上一觉……

一位企业家向自己的名厨朋友讨教做菜的秘诀，朋友只告诉他一个字：盐。很多美食点评家在评判一道菜时，最终往往都归结到"太咸"或"太淡"上。事实上，只要盐放得恰到好处，不需要太多的调料，就能做出美味佳肴。然而，就是这个最基本的调料，却往往被人忽视。

由这件事，这位企业家联想到了人生：金钱、权势、地位、荣耀无非就是其他的调料，添加得多了，反倒让生活多了一份浮华与臃肿，少了点真实和自由。如果撇开那些繁花似锦，只保留必需的盐，那么就能求得一份纯净的真味。也许味道清淡了些，但至少简单透明，没有那些恼人的杂念，也少了大起大落的悲喜。

生活本不苦，苦的是欲望太多；心本不累，累的是放不下的太多。其实，静下心来想一想：有多少东西是你非拥有不可的？有多少目标值得你用生命、用快乐去换取？斩断那些可有可无的欲望吧，让真实的欲求浮现，这样才能发现真实、平淡的生活是最好的。有了超然的心境，才能成为一个不为物质引诱，不慌不忙、不躁不乱的人，就算外面的世界狂风骤雨，依然能够不急躁、不暴怒，存留一份优雅。

小欲望，小满足，才是大幸福

朋友君昊，上学时出了名的努力，那些熬夜看书、吃饭背公式、上厕所还要背单词的事儿，对他来说都是家常便饭。毕业之后，他进入了深圳的一家小公司。经过10年的打拼，君昊工作上步步高升，学历也更上一层楼，据说已经拿到MBA学位了，现如今是深圳某跨国集团高管。

当别的同学大都在吃力地供着房贷、车贷，被现实压力压得几乎喘不过气时，君昊早已摆脱了这两座大山，着实让人羡慕不已。

前段时间，同学聚会时，事业有成、功成名就的君昊自然成了同学们关注的焦点。孰料酒过三巡，君昊忽然放下酒杯，眼神迷离，酝酿半天之后一把扯掉自己的假发，泫然流涕道："别人羡慕我事业有成，我却羡慕别人逍遥自在。以前我一直觉得没有好的家境可以拼，可是现在当我每晚依靠安眠药还只能睡3个小时的时候，我发现自己错了。我才30岁，你们看我的头发都快掉光了……"

听他这么说，我们都很惊讶，半天说不出话来。

那次聚会之后，君昊主动去看了心理医生，工作不再像以前那么拼命，生活上开始注重养生，注重劳逸结合，把吃饭、睡觉、锻炼放在非常重要的位置，每天都督促自己严格执行。

现在君昊最喜欢以过来人的身份教导那些刚参加工作的人："年轻人，你要知道，没有好的家境可以拼并不可怕，没有命去拼才是人生最大的败笔。"完全一副痛改前非的样子。

有一次，我收到一位网友的求助。

他说，他的家庭不富裕，长相也很普通，每天都活得很累，简直要崩溃了。

他说，为了减轻家里的负担，他从大一就开始做各种兼职努力赚钱。为了不耽误学业，他又必须好好学习。本来休息的时间就少，现在更少了。长期的忧虑、疲惫让刚上大三的他经常彻夜难眠，为了不耽误第二天的工作和学习，他只能靠药物强迫自己休息几个小时。这种折磨让他处于崩溃和绝望的边缘，不知道自己将何去何从。

他一再恳求我帮帮他。我和他说我真的爱莫能助。如果他自己不去想办法解决，那么没有任何一个人能帮到他。事实上，如果他没有办法放下执念，学会更加合理地安排生活，那么他现在的困境是没有办法解决的。

每个人要安身立命，总会遇到各种各样的压力。你怕自己如果不努力，就会被无情地淘汰。你总以为拼了命地努力，才算对得起自己。其实，你只是太焦虑了，导致不敢停下来好好考虑一下。你以为吃饭的时候背单词，就能说明你比常人努力，你以为晚上赖着不睡觉就是没有辜负人生，这其实只是在寻求一种心理安慰，用一种极不健康的行为来对抗这个世界，而到头来你终究会败给你自己。

你牺牲了吃饭、睡觉的时间去拼搏，总觉得自己吃的苦已经够多，你以为自己很努力了，其实大多数时候是在做无用功。白天和黑夜的存在就是为了告诉我们休息和工作同样重要。该努力的时候好好努力，该休息的时候好好休息，你照样可以取得不错的成绩。这样，成功或许来得稍微迟一些，可那有什么关系呢？你不仅享受了奋斗的过程，最终还得到了结果，还有什么能比这更让人欢喜的呢？

有时候，我常常会想，我们跑那么快究竟是为了什么？

10岁的时候，想过成年人的生活；20岁的时候，想要过人家用了一辈子甚至是几辈人努力积攒来的日子。如果得不到，我们心里就开始不平衡，以为以牺牲自己休息的方式拼搏就能超越别人。这是我们的误区，也是我们不幸福的根源。

别说你很有可能超越不了别人，即使你超越了又能怎样呢？

你的身体毁了，家人的希望没了，你奋斗得来的所有东西不过一场幻境，这一切真的值得吗？放下心中一些虚妄的执念，接受自己普通人的身份，按照普通人的步伐，一步一步慢慢往前走，累了就歇一歇，饿了就好好吃顿饭。

这个世界上最奢侈的事不是有一个有钱的家庭，也不是不顾一切去追求梦想，而是有一颗能在平凡日子里好好吃饭、好好睡觉、好好学习、好好工作的心。这样才能让我们于繁华中不浮华，永远知道自己想要什么。不疾不徐，不骄不躁，不问前程如何。我自稳步向前，哪怕是蜗牛的速度，再慢也有进步的喜悦。

别让你的努力，最后都败给焦虑

有一个人在网站上吐槽说，自己某个本来很正常的同学，现在像中毒一样，患上了"进步焦虑症"。

具体症状如下：一大清早起床，就看见他在微信朋友圈里发了一大堆健身的图片，并配上一段激情昂扬的文字，用以自励。

中午吃饭的时候，那个同学还会准时发一大段总结，列出一长串知识付费的课程标题和主讲人的名字，总结自己上午具体学到了哪些知识。

晚上则是那个同学在微信朋友圈发布状态的高潮时刻，大概每隔几分钟就会来一条：某某老师说得非常对，现代人最大的问题就在于手机App，从今天开始，我不能再浪费一分一秒的时间，不能再浪费自己的生命，每一刻都必须用来学习真正对自己有用的知识。

他说，他同学这样的状态，不但没有给人带来丝毫的励志感，而且会令观者升起某种莫名的焦虑。好在他同学没到一个月时间就偃旗息鼓了，不然一直都是这样的状态，身体或是精神，总有一个会出问题。

他说，在他同学最初向他推荐那些付费课程时，他也下载过，听过一两次后发现，那些付费课程翻来覆去总是同一套东西，每次在一堆大道理中热血喟叹，却没有学到什么真正有用的知识，所以听过几次之后就放弃了。这些课程不能说完全没用，但充其量只能算是一档益智娱乐节目罢了。像他同学那种日常亢奋，不能算是学习，更多的像是在发泄焦虑。

我觉得他说得很对，任何努力，都必须符合基本的规律，才能持久。像他朋友这样的亢奋状态，只能持续一时，不能持续一世。学习从来都不是一时冲动的事，而是一场直到人生终结才能停止的马拉松。

短暂的冲动不能说没有任何效果，但是不能长久，浪费系统学习的时间，还会挫伤一个人学习的热情。但这问题的症结不能完全归结于他的同学，因为现在有太多令人眼花缭乱的App了，它们都在利用刚毕业的职场新人急于自我成长的心理，向他们贩卖着各式各样的焦虑。

记得有个小学妹刚进我们公司实习时，第一天就因为做错事挨了领导批评。她一整天都心情沮丧，下班之后便急切地来找我，让我给她推荐几本能快速成长、学习专业知识的书。基于对她的性格和她当前工作状态的大概了解，我拒绝了她的要求，让她先好好休息几天再说。

我想，在那种乱糟糟的心情下，她未必能静下心去好好读书。强行要求她学习，只会让她更加心烦意乱。她找我推荐书，并不是因为她需要读书，而是她想通过这种"我在学习"的姿态来缓解自己现在的压力。

在她工作越来越顺手后，我主动找了一些她在工作上可能会用到的专业书目，又推荐了几本相关的衍生读物，一并用邮件发给她。在这封邮件里，我告诉她说，要想真正学习某种知识，需要一个专业、系统的学习过程，再加上实际操作上的补充，才算是完成了基础部分。

我说当初之所以没有答应你的要求，是因为每个人的学习基础不一样，想要通过学习达到的目的不一样，专业选择的走向和擅长的部分也不一样，我那时候并不明白你想要通过学习得到什么，但是通过这半年的接触后，我大概明白了。

其实，我曾经和她一样，在受挫时，会买一大堆书来进行自我安慰。在我年轻的思想里，总认为自己读了这些书，达成了某个目标，那些工作和学习上的问题就会迎刃而解。甚至在我曾经和同事发生冲突时，我还咬牙切齿地在心中暗自较劲：等我考到某某证之后，我就再也不会有这样或那样的烦恼了！后来，当我真正获得那个证书的时候，我发现每天令我焦虑的事情并没有减少，只是我自己的心态改变了很多而已。

其实，学习这件事，除了获得必要的技能，剩下的改变就只是我们自己的认知，以及我们和世界相处时的思维模式。它并没有帮我们屏蔽掉世界本身所固有的、自带的困境，也无法帮我们避免那些成长中必然要承受的伤害。

很多成功的知识付费平台的老板，利用了那些像当初的我一样急切地想要自我成长、想要直接省略掉中间努力过程、想要通过听几堂课或是看几本书就改变自己的人，以达到营利的目的。

他们兜售的基础在于，他们会引导性地让你感觉到全世界的人都在进步，只有你一个人落后了的焦虑感。

这就像现在很多网站上常常会用那些诸如"三天教你写作课""一年赚一百万的秘密"等夸张标题来博人眼球一样，让那些没有多少辨识能力、刚刚走出校门的学生成为自己产品的受众很容易，因为这些学生大都迫切地想要成为这些文章里描述的成功人士。

其实，这一切都是利用人们急于求成的心理，只呈现结果不陈述过程，把本来需要10年的时间硬说成10个月，把黯淡的前景添油加醋说得光芒万丈，把1%的盈利说成100%。

人想要进步，需要理解学习的本质。学习的本质是不断打破、重塑自我认知的过程，而不仅仅是外在学习的表象。

真正的学习，更像是对自我的一种"润物细无声"的滋养。这个过程是痛苦并快乐着的，它意味着我们需要有一种不断打破原来的自我认知，重塑新的自我认知的决心和毅力。它的唯一指向，是把我们塑造成为一个有独立判断能力的人，不断通过强化我们的独立思考能力，确保我们能掌握生存的技能，并持续自我更新迭代这些技能。

这样的过程，达到一定程度后，会给我们带来内心的丰盈感。所以，那些真正拥有知识的人，总是从容而优雅、温和善意，和他们交往时会有一种如沐春风的感觉。

我们要坚信，那些对生活真正有掌控感的人，不会总是急于摆出要挣脱原有身份，急于进入某种自己想象的精英群体里的姿态，而是从容地享受着学习这件事本身带给自己的乐趣。只有这样，我们对工作和生活才有真正深入探索的可能性，也才有真正构建学习系统、完备知识体系的可能性。

活在当下，把握现在

▶

有的人总是迫不及待地"奔向未来"：同事约他周末逛街，他立即制订一个逛街计划，甚至想好几点在哪里吃什么；朋友约他看电影，最后一个镜头还没结束，他就已经起身准备离开，回去的路上开始计划明天的安排。他的生活，从来都不是生活在此时此地，而是在未来的某一刻。

世间有多少人在重复这样的生活呢？20岁之前，活在父母的期望下，背负学业的压力，总想有一天振翅高飞，拥有自己的天空。20岁之后，离开了父母的庇护，独自撑起自己的世界，体会到了生活的艰辛。恋爱了，结婚了，开始为事业、为生活打拼，享受小有成就、有房有车的幸福。人到中年，该有的东西差不多都有了，却又开始感叹青春的流逝，觉得有太多遗憾，似乎有什么事还没有完成。

究竟丢了什么呢？仔细一想：活了几十年，从未真正地善待过自己，享受过生活。眼睛一直盯着未来，心里想的全是以后，全然不知，每个"今天"都是人生里最特别的日子。

22岁那年，安云跟着男朋友一起从老家来到深圳。人生地不熟，没有一个安身之处，幸好有同乡的帮忙，他们才暂时有了一个栖息地——农户的出租房。安定下来后，自然就要谋寻出路了。

几经周折，安云找到了房产业务的工作，男朋友也找到了一份不错的工作。很快，男朋友就向安云求婚了。不过，安云没答应，在这个偌大的城市里，她太缺乏安全感了，她的理由是："我们现在什么都没有，刚刚能够养活自己，结婚要花钱，以后养孩子要花钱，等我们在这个城市站稳脚跟再说吧！"男朋友理解安云，没再多说，开始更卖命地工作。

第二年，他的工作有了起色，而安云的工资也从每月3000元逐渐稳定在每月5000元左右。老板很赏识这个勤学肯干的女孩，有意提拔她做主管。男朋友再次提出结婚，安云又犹豫了，说希望有了房子再结婚，况且现在有提升的机会，自己也不想因为结婚的事而耽误。这一次，男朋友依然答应了她，表示愿意再等。

第三年，男朋友凑够了首付，买下了一套房子。可是，成为有房一族的喜悦没持续多久，安云就郁郁寡欢了，想起每个月要还房贷，她心里就像压了一块石头。她害怕失业，也害怕男朋友的工作出现意外，非说再攒点钱，等有点多余的钱了再考虑结婚。

两个人每天拼命地工作，生活上也很节俭，甚至想不起多久没有去电影院看过一场电影了，更别提一起出去旅游，浪漫一下。

第二章 慢煮生活
能安之若素，才配得上世间繁华

男朋友以前有抽烟的嗜好，偶尔也爱跟朋友喝点小酒，可自打心里装进了"早点还清贷款"这块石头，他索性把烟和酒全戒了。

几年之后，安云和男朋友都已经到了而立之年。男朋友已经褪去了当年那副青涩的模样，俨然被生活磨砺成一个有所作为的青年。此时，他已经还清了贷款，也买了一辆车。安云觉得应该结婚了。可她没想到，男朋友却提出了分手。安云精神彻底崩溃，她向男朋友哭诉："我节衣缩食这么多年，不舍得买衣服，不舍得买化妆品，一心都是为了咱们的将来，我有什么错呢？为什么你要这样对我？"

男朋友的回答倒也干脆："相处这么多年，我实在太累了。你从来不满足于现状，就算我们现在结了婚，以后的日子也一样会很辛苦。你要的那种幸福，我永远都给不起。我想要的生活是一边享受现在，一边计划未来，而不是变成一个赚钱的机器，成为生活的奴隶。"

细数一下，人生有多少个10年？世事难料，能把握的只有现在。天天忙碌，日日辛苦，憧憬着多年后的生活，把想要的东西一点点地往后移，直到真的该去享受的那一天，却发现时间不等人，许多事已经来不及了，这才是人生最大的遗憾和悲哀。

享受生活，不一定需要多少物质作为支撑，更不需要等到未来的某个时候。女作家毕淑敏写过一篇文章，名为《女人什么时候开始享受》，里面有这样一段触动人心的话："我们所说的享受，不是一掷千金的挥霍，不是灯红酒绿的奢侈，不是吆三喝四的排场，不是颐指气使的骄横……我们所说的享受，不是珠光宝气的华贵，不是绫罗绸缎的柔美，不是周游列国的潇洒，不是管弦丝竹的飘逸……只不过是在厨房里，单独为自己做一样爱吃的；在商场里，专门为自己买一件心爱的礼物；在公园里，和儿时的好朋友无拘无束地聊聊天，不用频频地看表，顾忌家人的晚饭和晾出去还未收回的衣衫；在剧院里，看一出自己喜欢的戏剧或电影，不必惦念任何人的阴晴冷暖……"

每个人都拥有享受生活的权利，都有可以享受的美好。只可惜，这份最平常、最基本的生活乐趣，已经被越来越多的人在追求物欲中遗忘了。

另一位女作家吴淡如曾说："当我发现一个人的我依然会微笑时，我才开始领会，生活是如此美妙的礼物。喝一杯咖啡是享受，看一本书是享受，无事可做也是享受，生活本身就是享受，生命中的琐碎时光都是享受。"

给自己留一点儿享受生活的时间与空间吧！从今天开始，从现在开始，多爱自己一点儿，抽点时间逛逛街，看看喜欢的书，把活着的每一天都当成最珍贵的礼物，随时享乐，幸福就不再是遥望的海市蜃楼。

沉住气，才更容易得到理想的结果

▶

程先生是位设计师，曾经接过一个为国外某小镇做整体规划以及设计建筑风格的项目。他知道这个机会很难得，于是在项目招标的3个月前就开始做准备，那段时间他推掉了手头所有的活儿，专注于这一项工作。

很快，他的设计初步成型：一个沿海的小镇规划成树的形状，从高处眺望可以看到整个小镇的道路就如树枝一样延伸开来，而树的根部则与海连接，仿佛一棵种在大海边的树。小镇的整体建筑风格被设计成了地中海风格，圆顶的白色建筑与蓝色建筑交错在一起，小镇中央建了一座教堂，效果图还做出了白鸽飞舞的效果。这是一个绝美的小镇。

3个月很快就过去了，项目开始招标。因为项目设计得很用心，所以程先生也很有信心。可一到招标现场，他发现这个项目竟有许多大公司前来角逐，在参加竞标的上百家公司里，甚至有世界上最好的建筑设计公司。此外，一些知名的设计师也以个人身份参加了这次竞标，其中就有他很喜欢的设计师斯丹尼。而他

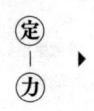

所代表的仅仅是一个小地区的建筑设计院。这一次他慌乱了，觉得3个月的努力会白费。

后来，还没等到招标结果公布，他就心灰意冷地找主办方要求退出了比赛。程先生觉得自己虽然很用心，但在这么多名家面前，肯定是没有一丝一毫的机会的，所以他觉得连坚持到公布结果都没必要。而他退出这个项目后领导并没有责备他，兴许大家都觉得自己庙小，所以肯定没机会。

5年后，当那个小镇的新闻再一次撞入程先生的眼帘时，他顿时心里一紧。小镇的建设规划与他当初的设计差不多，交错的道路像树枝一样延伸，采用了与他的设计相似的处理手法。报道中介绍当初中标的是一家美国公司，原本美国公司出示的设计图是一种中规中矩的规划，但是小镇的镇长看上了另一种设计规划，可惜那家公司退出了招标会，所以他无权使用，于是他便要求美国这家公司最终的设计向那份设计稿倾斜，最终把小镇建成了如今的样子。程先生终于明白，是他当年的懦弱让他与成为国内一流建筑设计师擦肩而过。

许多人在做事的时候常常会设想许多情景，做出毫无根据的预判：要么是质疑自己的资历太浅不敢争取，要么是觉得自己能力不足不敢接受更大的挑战，或者认为自己肯定挨不过当前的挫折，还不如早早有自知之明地放弃。其实有的时候成功就在我们的面前，我们与它的距离只有0.01厘米。

当我们年轻的时候，我们应当有沉得住气的魄力、毅力以及远见。当我们看见谁升职了、谁结婚了、谁嫁了个好男人、谁娶了个好老婆就沉不住气了，就开始怀疑自己的人生，并且质疑自己如今的努力是否有意义。其实上天并不会亏待任何人，只要我们有所付出，那么就必将有所收获。

沉不住气往往是不自信的表现。很多时候，人都太想证明自己，太想博得他人的关注和赞美，禁不住任何的打击和失败。在事情没有发生之前，就把任何一点可能的不利放大到极致，用想象代替事实。

人生短暂，我们没有必要过于看重别人的看法，过于关注眼前的利益和结果。而要以放松的心态面对人生，放松不是不积极进取，而是更高的人生境界。很多时候，成功是努力的结果，功到自然成。就算暂时没有得到你想要的结果，但尽了全力，问心无愧，也不会有太多的遗憾。心安才是最大的幸福。

沉住气是一种生活态度，也是一种生活方式，更是一个理性的人的生活智慧。

沉住气，不是让我们盲目地坚持，而是意味着人生中有些好的东西就是要靠慢慢等待才能获得。有些机遇需要等待，有些成功也需要我们去用心积累，急于求成的结果往往是失败，或者失去一些本该属于我们的东西。

　　我们或许曾困顿迷茫过，也常常灰心，但没关系，当觉得无法坚持下去的时候就告诉自己，沉住气，"古之立大事者，不惟有超世之才，亦必有坚忍不拔之志"。

第三章 认同自己

听一万种声音，但只成为自己

对自己好一点儿,该吃吃,爱谁谁

最近参加了一个同学聚会,见到了很多许久不曾联系的同学。大部分女同学已成家,话题大都是围绕着家庭和孩子。我注意到坐我斜对面的当年班里的文娱委员小可,她并没有像其他女同学那样聊琐碎的家常话题,而是豪迈地和一众男生喝酒唱歌。

趁着间隙,我和她聊了一会儿。话题转到她的感情经历上,她说两年前和谈了好久的男朋友分手之后,也断断续续谈过几次恋爱,但是如今她很享受一个人的生活,暂时还没有结婚的打算。

聚会结束后,我特意翻看了小可的微信朋友圈,发现她发布的都是各地的旅游见闻和美食。她隔三岔五就会背着背包去环游世界,每到一个新的地方,都会一个人去租住当地的民宅,发掘当地的特色小吃,靠给旅游杂志写游记赚稿费,已经去过50多个国家了。

去见识更大的世界,享受更多的美食,谈着短暂而没有压力的恋爱,尽情地对自己好,不过多地考虑太久远的将来,这种生活状态不知道会有多少人羡慕。

如今到了我们这般年纪，被催婚的被催婚，生娃的生娃，不少人被迫放弃人生中那些最喜欢的事情，纷纷跳入"围城"生活。小可对我说，身边的好些姐妹一到适婚年龄，就会迫不及待地找个男人嫁了，也不管对方到底适不适合自己。她们婚后过着鸡飞狗跳的生活，还经常给她发消息抱怨丈夫对自己不好。每当这时，她都会很同情她们。

我问小可："难道你的父母就从来没有催促过你的婚事？"

她说："我的父母比较开明，给予了我足够的自由和尊重，从来不会插手干预我的感情生活。"得益于父母的深明大义，哪怕自己早已过了适婚年纪，小可依然可以选择自己想过的生活。她想趁年轻的时候多走一些路，多长一些见识，多做一些喜欢的事情，也算是给自己的人生一个交代。

身边有一个认识了10多年的朋友落落，她是那种看上去就让人觉得特别温柔懂事的好女孩。她之前交过一个男朋友，那个男的是个待业青年，天天在网吧打游戏，一直靠落落养着。

后来，落落的那个男朋友在游戏里认识了一个女孩儿，两人私下见了几次面以后，居然情投意合。没过多久，她男朋友就跟着那个女孩儿走了。男朋友走了之后，落落就把自己所有的难过闷在心里，只在夜深人静的时候暗自垂泪。

原以为这段感情就这么翻篇了，没想到更糟心的事情来了。

那个男的在某天深夜给落落打来电话，说自己不小心让那女孩儿怀孕了，让落落给他转几千块钱救急。落落念及过往的情分，挂了电话后就把钱给他转了过去。

她和我说起这事的时候，哭得很难过。她说这些年自己舍不得吃、舍不得喝，省吃俭用攒下的积蓄都被前男朋友挥霍了，一点儿没剩。我劝她不必在这段感情中苦苦挣扎，趁早跟他断了来往，给自己多买些好吃的好喝的，把自己收拾得体面漂亮了再去爱别人。

那些在恋爱中只管付出不求回报，把男朋友当作孩子来养的姑娘，多半过得不大如意。她们往往是付出得越多，越显得廉价，也越不容易被人珍惜。

要是连你自己都不懂得疼爱自己，那就真的没有人会对你好了。

像落落这种宁可苦了自己也不愿意辜负他人的人，我在生活中见过很多。他们无私付出，甚至放弃自我，留给别人的永远是好形象。实际上过得好不好，也只有他们自己心里清楚。他们这样的生活方式，我是不赞同的，我认为，不管别人对你如何，请记得一定要对自己好一点儿。不必活在别人的期望里。多为自己考虑，满足自己的需求，成全自己的快乐，才能过上恣意潇洒的人生。比如，请自己吃一顿大餐，给自己买好的化妆品，去更多的地方走走。

一旦这么做了,我无法确定你到底会不会被这个世界温柔以待,但我相信,你一定会被认真生活的自己感动。就像有句话说的:其实每个人的生活都是差不多的,之所以人生的境遇会有天差地别,不是因为他们对待别人的态度不同,而是他们对待自己的态度不同。

我并不是鼓励大家成为一个自私的人。只是想表明当你浑然忘我、无条件地对别人好的时候,别人不但不会心疼你,反而会觉得理所当然。最后让自己受了委屈,甚至落得满身伤痕,其实并不值得。

人生苦短,请务必要对自己好。

毕竟,只有把自己的人生经营好了,让自己的内心充满真诚和善意,才会有更多的精力去爱别人。

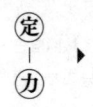

趁还年轻，坚守自己的意愿

▶

  有个女孩，大学毕业一年了，依然待业在家。有一天，家里来了客人，女孩的母亲就自然而然和客人聊起了家常。当听说对方的孩子大学刚毕业，就找到了一份好工作，女孩的母亲羡慕得不得了。她说："如果我的女儿能有你孩子一半能干和懂事，我就不需要操那么多心了。"

  谁知道，两人的谈话被待在自己房间里的女孩听到了。她气急败坏地跑出来，对着自己的母亲大吼："你说够了吗？我的脸都给你说没了！难道是我不努力找工作吗？我尽力了，就是找不到我喜欢的工作，好吗？"

  自此，母女俩的关系出现严重裂痕，矛盾不断激化。一天一小吵，三天一大闹。简直到了水火不相容的地步。母亲没办法，只好找到某电视台的调解节目帮忙。

  母亲指责女儿不懂事、任性，伤透了她的心。她和女孩的父亲早离婚了，一个人含辛茹苦把女儿养大，千辛万苦供她上完大学。原以为女儿大学毕业，就有出息了。但没想到，女儿大学毕业后至今，没找到一份像样的工作，一直待在家里啃老。

女儿也指责母亲霸道，从小对她管教严厉，就连她上大学的专业，都是妈妈替她选的，说那是热门专业，将来好找工作。从小，她就不能有自己的主见，一切都要听妈妈的。大学毕业后，她没有按照自己的专业去找工作，因为她压根就不喜欢这个专业，而是应聘到某企业做了自己喜欢的销售工作。

母亲一听说女儿居然去当销售员，气不打一处来，逼着她辞职，要她重新去找体面的工作。女儿不同意，母亲就到她单位去闹。没办法，她只好离开了那家公司。

后来，她又陆陆续续找了几份工作，都因为母亲不满意而作罢了。她四处投简历，也是石沉大海。最后，她一怒之下，不再出去找工作，只把自己关在房间里。作息时间完全混乱，白天睡觉，晚上则像夜猫子似的，清醒得很，一直玩电脑。她不和母亲交流，不吃饭，饿的时候吃零食。垃圾食品吃得太多了，她的身体也变得虚胖起来。母亲拿她一点儿办法都没有。

看到这里，我们就基本清楚了：一个强势的母亲和一个软弱的女儿的战争，没有赢家，只有受伤的两个人。后经调解和开导，母女俩都意识到自身的错误，表示都要改正。

生活中，我们会看到这样懦弱、没有主见的人。我们当然可以说，这样的性格与她的生活环境有很大关系，但是她缺乏改变的勇气。

这不禁让我又想起另一个女孩。同样遭遇强势的家长，但因为她有足够的勇气，坚决依心而行，随心而动，终于走出了属于自己的人生之路。

厦门有一家不太大的美容美体店，店主是一位名叫冬冬的女孩。她出身军旅之家，有一个学识渊博却很强势的父亲。父亲从小望女成凤，他早就规划好了女儿的成才之路。但女儿自小生性顽皮、聪明、有主见。她不肯按照父亲为她规划好的路走，而是选择遵循自己的意愿，报考了自己感兴趣的大学及专业。

毕业后，父亲又想给她找一份好工作，她又拒绝了。父亲一气之下威胁她要脱离父女关系，女孩深知自己的人生须自己掌握，她后来直奔厦门，就职于某企业。2年后，她又辞职，赴上海一家化妆品机构学习美容美体。又过了2年，她回到厦门，开始了美容美体职业生涯。创业初期，她吃尽了苦头。但凭借自己的一股拼劲儿，还有对事业的执着和以诚待人的态度，应该说取得了不错的成绩。

如今的冬冬，不仅事业有成，也收获了自己的爱情，还和父母生活在一起，关系特别融洽。她因为坚守自己的意愿，终于过上了自己想要的生活。

其实，很多时候，你不坚持自己的选择，真的不知道自己能走多远。当我们做事不成功的时候,不要给自己找借口,认为是别人挡了自己前进的道路。比如第一个女孩,她怪母亲从中作梗,扰乱了她的人生方向。但如果她足够独立,有勇气,真的做到依心而行,完全有机会向母亲证明自己的选择是正确的,让母亲放心,让她为自己骄傲。她不该赌气地自暴自弃,和母亲对抗。这根本不能解决任何问题,只会让问题不断恶化,矛盾加深。

冬冬的确是个聪明的女孩。她知道父亲是为了她着想,怕她吃苦,所以才阻止她去外面闯荡的。但她更明白,如果按照父亲给自己选择的路走,自己的人生就不能自己做主,不能说将来一定会后悔,但至少会感到遗憾,因为这不是自己选择的路。在一些时候,你要"无视"身边的人"为你着想"的关心,然后依心而行,随心而动,这样才能得到你最想要的。

青春飞扬,谁没有自己的梦想。但现实遭遇的种种事,可能会让一个人放弃梦想,使得梦想渐行渐远,最后变成了遥不可及的奢望。其实,你放弃梦想,梦想也会抛弃你。只有那些不辞辛劳、为梦想努力奋斗、越过艰难险阻的人,才能到达梦想的彼岸。

无论你是谁,无论你正经历着什么,只要肯为梦想而坚持,总有一天你会发现所有吃过的苦都是值得的。谁的青春不曾颠沛流离?谁的青春不曾有过伤痕和泪水?这是成长的必经之路,走过去,你会看到不一样的风景,会发现一个不一样的自己。你还

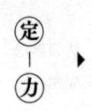

要葆有一颗健康的、积极向上的心。有这样的一颗心陪伴，你不会迷失自己。

累了，痛了，摔倒了，可以哭，但要记得：在哪里摔倒，就在哪里重新爬起来，擦干眼泪继续微笑前行。人生在世，往往会受到这样或那样的伤害。对坚强的人来说，累累伤痕都是生命赐予的最好礼物，微笑着去面对是一种豁达。要相信，你的微笑就像阳光一样，可以驱散头顶笼罩的乌云。学会珍惜生活给予你的一切，好的坏的，都能坦然地、淡然地面对，这样的你，怎么会走不出自己的一片天地呢？

青春是你自己的，未来也是你自己的，自己的路总归要自己走。别怕反对的声音，只要你走通了、走对了，那些曾经反对你的人，会对你刮目相看的。哪怕走错了，也没关系，年轻的时候谁没走错几步？因为年轻，你还可以重来，还可以修正。与其未来留遗憾，不如潇洒走一回。

所以，趁还年轻，为梦想做主吧！现在就要依心而行，随心而动！要知道，没有比这更好的取悦自己的方式了！

不要为了任何事去讨好任何人

▶

　　日本作家山田宗树的小说《被嫌弃的松子的一生》中有这样一个情节：松子的妹妹常年卧病在床，父亲对松子的妹妹照顾有加，几乎把所有的心思都放在了这个生病的小女儿身上。松子不理解，她也希望能够得到父亲的爱。一次偶然的机会，她做了一个搞怪又搞笑的鬼脸，逗得父亲哈哈大笑。她试了几次，都很有效。自那以后，她便把做鬼脸当成自己的招牌动作，遇到可怕或难堪的事情时，就会做这样的动作。

　　长大以后，她依然刻意讨好周围的人，在爱情里更是卑微。就算被男朋友大骂，每天提心吊胆地过日子，她也不肯离开，一直在奉献着自己的爱。作家写到，她所给予的是"上帝之爱"，她所有的努力讨好，不过是不想一个人生活。可最后呢？没有人同情她、珍惜她，她在孤独与可怜中死去。

　　也许，我们都不会有松子这样的遭遇，可那种刻意讨好，用卑微的姿态博取他人好感的事情，在生活的细微角落里却总能找得到。也许，你希望对方可以成为你的知己，所以迁就他的各种情绪；也许，你希望得到他人的赞美，所以违心地做自己不喜欢的事，收敛自己的真性情。可是结果，就跟松子一样，并不能让每个人都对你感到满意。

芳芳就是那种为讨好别人而活的人。

芳芳从小就是个乖乖女，对父母言听计从，从来不会反对。她长大后，对任何事都没有自己的主见，只要别人能满意、能开心，她就会倾心尽力去做，哪怕是她讨厌的事。

结婚后，芳芳依然是这样。为了孩子和丈夫，她不停地忙活，除了顺从就是受气，每天提心吊胆，生怕说错话、做错事，活得小心翼翼。老公若是开心，她就会长舒一口气；老公若是绷着脸，她就不敢大声言语。她像是一个木偶，麻木地活着。丈夫总是疏远她，孩子也不愿意和她多讲话。这样的日子，让她倍感压抑，自己付出了那么多，到底是为了谁？

绝望的时候，芳芳在网上给一位心理医生留言说，她想死，了却这一生。心理医生收到消息，马上打电话给芳芳，说要跟她见面谈谈。芳芳没有拒绝。或许，她并不是真的想结束生命，只是压抑了太久，希望有人理解。

在心理医生的开导下，芳芳说出了自己的成长经历。她父亲是个保守又严厉的人，从不允许她出去玩，也不允许其他伙伴到家里找她，母亲每天小心翼翼地陪伴着，稍不留意就会招来打骂。

她已经记不清楚自己挨过多少次打骂，只记得很多次她都在睡梦中被父亲的打骂声惊醒。父亲的坏脾气让她慢慢学会了顺从，学会了隐忍，学会了讨好。

在别人面前，她很少讲话，只是尽力去做事。在学校里，唯有学习能给她一点儿安慰。老师和同学喜欢她，可很少有人知道，她为了让别人高兴，无数次委屈了自己，明明做着不喜欢的事，却还要装出开心的样子。

大学毕业后，芳芳依照父母的意思，相亲结婚。之后，就过起平淡的日子。起初，丈夫对她呵护有加，可如今却疏远了自己。看到丈夫和孩子与自己不亲近，而别人一家三口其乐融融，她实在无法面对，活得越来越痛苦。

她说起为了讨好别人做出过怎样的努力，为得到别人认可怎样委屈自己，多么担心别人不喜欢自己，多么害怕遭到抛弃。

心理医生告诉她，正是这种心理和做法，让她在生活里受尽了折磨。她不懂什么是爱，也不知道怎么去爱，只是在努力讨好别人，博得好感。做这些事的时候，她已经失去了自我。她为了遮掩自己的内心，刻意压制着各种情绪，外在和内在的自己不停地争斗，在伤害自己的同时也被亲人疏远。

芳芳的经历，令人感到悲哀，她为了讨好别人，承受着不必要的委屈和伤痛，希望她能尽早摆脱这种生活方式。

生活中，当别人疏远自己的时候，我们要先跳出别人的视线，跳出别人的世界，再思考究竟是自己的问题，还是他人的问题。有错的话就不要找借口逃避，没错的话就抬头挺胸做自己。你若只顾讨好别人，连自己都没有了，你还如何有能力去照顾别人？

做事之前，我们要想想自己是心甘情愿的，还是被迫勉强的？想想现在做了，日后会不会后悔？如果是真心想去做，那么自然会做得很好，彼此都快乐；如果自己并非出自真心，能够付出的也有限，那就不要强迫自己。就算有人说你不好，也不必太介意。

讨好别人，是一件没有意义的事。就算你再怎么努力，也不能方方面面都让别人满意。与其如此，不如讨好自己。

以自己喜欢的方式过一生

▶ 看过一部关于"厨神"诞生的电影。在一家小餐馆里,穿着脏兮兮的厨师服的父亲问儿子:"为什么不想上学?"儿子低着头,梗着脖子:"我成绩太差,根本就考不上大学,我就是喜欢做饭。"父亲猛地把菜刀插在案板上,怒气冲冲地走了,剩下儿子孤零零地看着那把插在案板上的菜刀。原来,儿子自小受父亲熏陶,喜欢上了厨艺,但受过学艺之苦的父亲不想让他走同样的路。父亲不同意,儿子不得不去考大学。他本身对学习就不感兴趣,自然就不用心,结果显而易见,没考上。但在厨艺上,他却孜孜以求,无师自通,很快就超过了父亲。

父亲还是不同意他做厨师,逼着他去复读。无奈,他偷偷跑去参加厨艺比赛,一举夺得金奖。面对镜头,他告诉父亲:"每个人都有自己的使命,而兴趣就是最好的老师。我不是读书的料,但做好饭,就是我的使命。"

身为评委的父亲终于被打动,同意了儿子做厨师。有时候,我们的梦想跟别人的不一样,没有那么远大,但那又怎样,那才是我们真心喜欢的。世事艰难，但总有一条路会让你的梦想开花结果，总有一种生活能让你找到最美的自己。

前同事最近有了新苦恼：进入了一家心仪的公司，虽然事事都做得周全到位，而且也非常努力想融入新环境，结交新同事，但总有那么几个人老跟他作对，不是挑他的毛病，就是背后给他使绊儿，让他百思不得其解。

本来自信满满的小伙儿心情糟透了，如同北方冬日重度雾霾的天空。我问："公司总共有多少个同事？"

他说："一个部门有20多个人。"我再问："有几个不喜欢你呢？"他说："两个吧。"

我大笑："那么大的分母，这么小的分子，这个比例就让你这么不开心，太不值了吧？"

他自己也被逗乐了，有些羞赧："也是啊！"

宇宙浩渺，我们怎么可能取悦所有人呢？又怎么可能让所有人都喜欢我们呢？这世间，我们真正需要取悦的只有自己。只有意识到自己的重要性，你才会想着取悦自己，然后与自己达成和解，于自己而言，不挣扎是取悦，不拧巴是取悦，倾听自己内心的声音是取悦，踏上一段自己向往的旅程是取悦，阅读一本喜欢的书是取悦，找到自己的兴趣爱好也是取悦。唯有这样，你才会真正爱上自己。

很多时候，不畏人言，过自己喜欢的生活是需要勇气的。

朋友之间，兄弟之间，夫妻之间，同事之间，邻里之间……你敬别人一尺，虽然不必希求别人还你一丈，但如果你敬别人一丈，大概就得权衡一下他是否愿意投桃报李还你一尺。如果他连这一尺都懒得回报，那么你就不再白费力气了，因为他不是你能取悦得了的人。

跟你气场不合、性格不合的人，即使你用尽一生，恐怕也不能讨得他半分的欢心。我们身旁有很多这样的例子：你爱他胜过爱自己，但他却对别的姑娘兴趣盎然；你愿意把心掏给他，他却把你的爱当众撕碎给你看；你愿意为他付出所有，他却把这些当作理所应当……

生活千姿百态，人性也复杂多变，有欣赏你的，就会有污蔑你的；有力挺你的，就会有反对你的；有对你情深义重的，就会有当面一套背后一套的。这些都是生活的常态。

但是又能怎么样呢？难道网店店主收到几条差评就从此不做生意了？难道因为大家都喜欢春天和秋天，冬天和夏天就该被抹去吗？

事实上，只要有一个肝胆相照的朋友，就证明你是可交之人，只要有一个知冷知热的伴侣，就证明你是个值得被爱的人，只要你活得快乐自得，就证明你是个有趣的人。如果他不喜欢你，甚至讨厌到咬牙切齿，那也没关系，因为那是他的事情，何必用他的错来惩罚你自己呢？

其实，话说回来，不喜欢也分很多种，有的不喜欢是因为受到威胁，有的不喜欢源于嫉妒，有的不喜欢是因为看不起，有的不喜欢则因看不惯，等等。但无论是哪种，你都要记住，他越是不喜欢你，你就越要活成灿烂蓬勃的样子。只有你强大起来，活出真正的自己，这些"不喜欢"才会烟消云散，化为乌有。

你说还是会有人不喜欢你？亲爱的，你不吃他家的饭，不住他家的房，不睡他家的床，不花他挣的钱，随他去好了，与你何干？

成功与否，从来都不是以金钱的多少和地位的高低来衡量的，而是看你是否以自己喜欢的方式过了一生。

有些人，虽然物质上很贫乏，但是一辈子从事着自己喜爱的行业。

有些人，虽然有权有势，但却总是身不由己，郁郁寡欢。很多人一出生，命运之神就非常慷慨，给了他显赫的家世，丰厚的家产，给了她美丽的容颜，苗条的身材。但显赫的家世里，有很多不足为外人道的无奈，丰厚的家产里埋藏着太多钩心斗角，而容貌会变老，身材也会走形，这些漂亮的肥皂泡往往非常脆弱。光鲜的背后，是我们无法理解的压力。出生在普通人家，也许无法要风得风、要雨得雨，但命运赐予我们的是内心里一颗爱的种子。你只有用辛勤的汗水去灌溉这颗种子，才能让它开花结果，用最喜欢的方式一路欢歌地生活下去。

平庸与独特往往只是一步之遥

总有一些人天生与众不同。

去丽江旅游，途中认识了一个名叫小米的女孩。她是正在读大二的学生，个子高高的，皮肤白皙，梳着马尾辫，看上去朝气蓬勃。她说，她的梦想是周游世界。她打算先从国内开始。于是18岁那年，她带上暑期打工挣来的钱，去了"山水甲天下"的桂林。开始，父母强烈反对，担心一个女孩子单独出行不安全。但几年下来，爸爸妈妈已经习惯了她的远行。

我问她："只用暑期打工挣来的钱，够你旅行的开销吗？"

她说："钱当然是很紧张的，我纯属穷游。我不想伸手向父母要，因为旅行是我个人的事。我自己的事我自己来处理。只要我能保护好自己，安全回到他们身边，就是对他们最好的交代。至于旅行中遇到的一切问题，我必须学会自己去面对、去解决。我不能因为自己的爱好而增加父母的负担。"

我又问："为什么不等大学毕业，有了工作，经济稳定后，利用休假的时间再去旅行呢？这不比现在穷游更好吗？"

小米笑嘻嘻地说:"姐姐,有钱是可以更好地享受,还能给旅行提供诸多方便,但对我而言,旅行是一种修行,可以让我认识另一个自己。我在旅行中变得更加自信,学会了独立,学会了与人相处,眼界更加开阔。这些都不是金钱能够买来的。很多事情,也许只有在年轻的时候才有勇气和胆量去做。青春很短暂,我担心再不疯狂就老了……"

小米的话,让我听了很激动。我不得不承认,我是太没有冲劲儿了啊!

是的,再不疯狂就真的老了。彼时青春年少,受作家三毛的影响很深,发誓将来也要像她一样做个背包客,走遍天涯海角。但当年只是想想,并不敢有小米这样说走就走的勇气。如今,虽然偶尔也出去旅行,但无论是体力还是心态,早已经不复当年了。

我们总是习惯对自己说,等有钱了就怎样怎样,等我有时间了就怎样怎样……可是,等到有钱的时候,却发现没有时间了;等有时间的时候,很多事已经时过境迁了。没有什么人或事会一成不变、一如既往地在原地等你的。所以,趁还年轻,想做就去做吧,比如来一场说走就走的旅行,或者来一次华丽的冒险,因为这是年轻人的专利。

小米想要的很简单,其实任何纯粹、快乐的人,想要的都很简单。

单位里有个女孩,特别让人欣赏和喜爱。有一天,她来上班的时候,手里提着一个非常有特色的包包。包包的图案富有异域风情。大家问她是从哪里买的。

她傲娇地告诉大家,这是她自己的作品,原创的。原来她对包包一直情有独钟,而那些名包不是任何人都买得起的。即使买得起,也未必适合自己。于是,她就自己动手,制作了专属于自己的包包。她说,满大街找不到一个包包和她的一样,她很有成就感和满足感。

是的,有时候做一件事,不需要花什么钱,就能让自己无比满足。

我相信,每个人都希望自己与众不同,但与众不同不应该仅仅表现在表面上,比如标新立异的装扮,一些无厘头的语言,或者通过做一些过激的举动来求关注。真正与众不同的人应该是有成熟的思想,有执着的追求,有自己的做事原则,敢于坚持自己,不模仿,不攀比,气质独特,追求生活品位,有独特的个人见解,敢走一条别人不敢走的路。

我们还可以通过运动健身、休闲时尚来张扬自己的青春,可以通过大方得体的衣着、优雅脱俗的举止来提升自己的魅力,可以用满腹诗书来滋养自己的心灵,用真诚和友善来驱散生活的忧伤。

其实,每个人都具备一些与众不同的特点,只是在成长过程中,有的人把自己许多优秀的特质给丢了。他们为了迎合世俗,为了取悦或者试图成为某个人,而把真实独特的自己隐藏了起来,逐渐就泯然众人矣!这世上,每个人都是独一无二的,选择做自己是非常重要的事。你无须成为任何人,做最优秀的自己,比做任何人的复制品都来得好。

所以,人要释放自己,取悦自己,活出与众不同的自己。

人生短暂,稍纵即逝。平凡也是一生,不凡也是一生,人有什么样的选择就走什么样的路。想要自己的人生与众不同,那么就要自己创造条件改变自己,取悦自己,让自己活得精彩。

有时候,平庸与独特往往只是一步之遥。我们可以不够好看,但必须独具特色。放眼望去,这个世界上真正富有魅力的人,往往都是那些灵魂独具魅力的人。

不要在别人的世界里过自己的人生

比学会听从别人的建议更重要的是，弄清楚自己的本心。

严是我见过的最有主见的女生。她来自一个小山村，在亲戚的资助下上了大学。因为家庭条件不好，她每天都要在课后的空余时间出去打工，有时从下午放学一直要工作到晚上12点。

那时候严因为每天大多数时间都用来打工，她的学习成绩也仅仅是中等。每月赚来的钱除了支付生活费和学费外，剩余的都寄回家里补贴家用。

因为她经常打工到很晚，于是有些不明真相的同学便对她指指点点，说她在夜店上班，当陪酒小姐。严听到这种说法之后，从不争辩，只是默默地独来独往。后来，有一次她的妈妈到学校来看她，恰好听到了同宿舍的同学们在议论她，身体不好的妈妈当场就犯了病。

严送走妈妈后，依旧打工，也更加拼命地读书。

很久以后，我问严："和周围的人比起来，你有没有觉得人生不公平？"

她回答我:"只有弱者才会要求公平。我一个从乡下出来的丫头,不靠任何人能奋斗到今天,过上了我当年根本不敢奢望的生活,这已经是上天对我的眷顾,还有什么不公平的?"

"之前勤工俭学被误会过,被流言蜚语中伤过,难道你就不难过吗?没有想过放弃吗?"

严只是淡淡地笑了笑,反问我:"难道就因为别人误解过我们,伤害了我们,我们就要放弃自己的选择吗?这是我们不能过好自己生活的理由吗?看法是别人的,可生活是我们的,我们为什么要在别人的世界里过自己的人生呢?"

是啊,我们为什么要在别人的世界里过自己的人生?

最高贵的人生是活出自己想要的样子,最廉价的人生是活成别人口中的样子。我们很多人太在乎别人的看法、别人的眼光,往往会作茧自缚。甚至有些看似善意的建议,不仅没能够带领我们去往更好的地方,反而还会让我们迷失自己。

我曾见过一位阿姨,在退休后毅然报名参加钢琴学习班。起初,和阿姨同龄的人对她这种"荒唐"做法都很诧异,甚至有人笑她:"这么一把年纪,还搞这种情调,真是人老心不老。"

家人也纷纷劝阿姨:"你这么大年纪了,现在开始学钢琴不容易,选点简单的吧,有点事干就行了。"

可是阿姨坚持自己的选择,她说:"我今年55岁,再不济也能

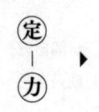

活10年，运气好的话我还能活二三十年，为什么不学呢？上了年纪学得慢，大不了我就多学几年，别人爱说啥说啥去。到时候我能弹自己喜欢的曲子，我自己高兴，为什么不学呢？"

阿姨用了几年的时间，真的学会了弹钢琴。在今年重阳节老干部活动时，阿姨还现场弹奏了一曲。当年在背后议论纷纷的人都对阿姨竖起了大拇指。

只要是一件正确的事情，不管别人怎么说，我们都不必因为他人的喜恶而动摇自己的初心。我们总对别人的看法和议论耿耿于怀，反而更加过不好自己的人生。按照我们自己的想法去做，即便遇到困难又如何？最重要的是，我们要知道自己要什么，到底想过什么样的生活。

我们的内心是否富足、是否坚强，取决于我们对待生活态度的好坏。别人怎么说是别人的事，我们最重要的是过好自己的生活。

很多事情与其将来后悔不如现在去勇敢尝试。如果我们想创业，那就去创业吧，或许你真的会闯出一片天地。如果我们想留学，那就努力学习外语，去参加考试，不必畏首畏尾。如果你是一个女孩，想追一个男孩，也无须在乎别人的看法，只要那个男孩子你真的喜欢。

我们应当学会听从别人的建议，但人活着更重要的是弄清楚自己的本心。我们必须面对真实的自己，因为究其根本，我们才是自己人生的真正主导者。

放宽心，放空自己的脑袋，暂且把外界的看法以及那些杂七杂八的声音屏蔽，先好好地倾听自己内心的声音，问问自己到底想要的是什么。

活在世上，我们会听到许多声音，有善意的也有恶意的，有好的也有坏的，如何择其精华，弃其糟粕，是我们所需要学习的课题。不要让别人来影响我们的人生，我们的人生要由自己去决定。

无论如何，请记住：你的幸福在你手上，与他人无关。

第四章 心有所定

此心不乱，万事皆安

浮躁的时代，我们需要一颗淡定的心

曾有人说："在浮躁时代，谈心灵是一件奢侈的事。"

金钱、名利、欲望，总是迷惑着人们的心灵和眼睛。真正懂得生活、理解生命、感悟人生的人才会幸福，而在喧嚣尘世之中追随物质的人，在日复一日的奔忙中，虽然在物质生活上得到了极大的满足，但心灵未必能得到真正的升华，可能反而越发空虚。

当我们驻足于城市的某个角落，看到的往往都是行色匆匆的脚步，漠然麻木的面孔，为一点儿小事就能吵得天翻地覆的尴尬。头顶上那片蓝天，路旁盛开的蔷薇，耀眼的霓虹灯光，没有几个人愿意为之停留。在琐碎匆忙的时光里，我们的生活少了许多悠闲、自在和宁静，这些原本纯粹而简单的事物，成了浮躁时代的奢侈品。

心浮躁了，人就会焦虑。哗众取宠、急功近利、随波逐流，变成了生活的基调；价值观错位，沉淀不下心性做事，好高骛远、脾气暴躁，也纷纷来袭，侵蚀了我们的平常心。殊不知，越是浮躁，越是心急，越是难以如愿。

小雅家里条件不好，从小饱尝了旁人的冷眼。忘了从什么时候起，她把金钱当成了实现自我价值的标尺和人生的目标。她学习了会计，在职场摸爬滚打10余年，最终进了一家中等规模的公司，后升职为财务经理。任职期间，她被老板授意，给公司做假账，隐瞒了部分货物的销售收入。靠着做假账拿的外快，她买了车，租了高档公寓，惹得不少人艳羡。她觉得好日子才刚开始，却没料到一切都结束了。耍小聪明、走捷径，踩着法律和道德的底线走，最终得不偿失，悔恨一生。

小美长得漂亮，脑子机灵，但虚荣心比较强。男朋友爱她，所以在力所能及的范围内满足她的需求。交往几年后，两人把结婚提上了日程。为了给她一个安稳的家，男方付全款买了房。在这个高房价的时代，不用当房奴就住上宽敞明亮的房子，着实满足了她那份强烈的虚荣心。一时间，她成了同事、朋友、亲戚眼中的幸福女人，一切只因她嫁得好。

可是，临近婚期的时候，她却生出事端，非要男方家买一辆30万元的车。男朋友跟她商量，说希望能够把条件放低一点儿，买个10万左右的车。她不同意，非说买不起想要的车就不结婚。她倒并非只看重物质而不爱男朋友，只因不久前她那位样貌才学都很普通的表姐嫁了一位有钱的帅哥，生活品质一下子就提高了，这让她心里很不舒服。在男朋友面前，她也没多想，一股脑儿就把自己的想法说了出来。

男朋友夺门而去。这一走,他们之间的感情也彻底有了裂痕。男朋友一周后打电话给她说:"我想重新考虑一下自己的婚姻。每个人都有虚荣心,可凡事都得有度,物质不是一切,很多东西是钱买不来的。我不是你那位有钱的表姐夫,也满足不了你的虚荣心,我还是愿意找一个淡然点儿的女人,跟我过一辈子,所以……"相恋4年,所有的青春、所有的美好,全部在虚荣的旋涡里丧失了。

小七脾气暴躁,动不动就与人发生争执。公交车上,谁不小心踩了她一下,都得忍受她一路的唠叨。哪怕对方开口道歉,也得不到原谅。单看外表,她的穿着打扮也算有品位,可私底下,同事们都说她是"金玉其外,败絮其中"。她何尝不知道暴怒易伤身,又何尝不想做一个性情温和的人,可一遇到事的时候,就控制不住自己的情绪了。她几次下定决心要改改这暴躁的性格,可心里就像是有一团莫名的火,稍有点风吹草动,就会烧起来。

不愿意脚踏实地地生活,希望奇迹能在瞬间出现;注重浮夸的表象,追求缥缈的虚荣,忽略了纯粹而真挚的感情,错失了生命里最珍贵的东西;内心修炼不够,动不动就与人争吵,言行上一点儿亏都不肯吃,锱铢必较……说到底,都是因为心浮气躁。当欲望、虚荣、愤怒、狭隘占据了心灵,幸福就无处安放了。

第四章 心有所定
此心不乱，万事皆安

浮躁的时代，我们需要一颗淡定的心。你看，那些气质优雅的人，心灵深处无不都蕴藏着一股清泉，随时提醒自己，熄灭欲望与愤怒的火焰，保持一份清凉。他们不是看不懂世间的是是非非，只是知而不随，能够按捺住自己骚动的心，守住默默无闻时的平淡与孤独。

要戒掉浮躁，先要放下攀比，当自己与他人之间的情况全然不同、差距太大时，不要逞强比较，那不过是在折磨自己。没有可比性的比较，只会让自己心理失衡，情绪失控。放下了攀比，也就不会成为欲望和虚荣的傀儡。

此外，在生活的细节上，也要尽量保持一颗平静的心。说话的声音放低一些，语速放慢一点儿，不急不躁，微笑待人，由内至外散发出祥和宁静的气息。这样的人，无论岁月如何变迁，总会令人另眼相看。而他们那份能与岁月、与他人、与自己和平共处的姿态，也注定会让魅力与幸福一生相随。

人一简单就快乐，一世故就变老

无意间看到这样一句话："人一简单就快乐，一世故就变老。保持一颗年轻的心，做个简单的人，享受阳光和温暖，生活就应当如此。"

这句话道出了快乐的哲理：简单能让人知足，知足能让人快乐。

世间的事情原本都是很简单的，只是我们经常人为地把它们复杂化了。有时我们认为事情若不复杂，就不足以显示自己的过人之处，于是慢慢地把事情搞得越来越复杂，最后兜兜转转才发现，这原本只是一件很简单的事。

其实，生活没有那么复杂，只是你想得复杂了，内心才会多出些无谓的担忧，无形中把快乐遗忘了。

虽然这个世界不像童话世界那么美好，但是也没有那么糟糕，也不意味着我们每个人都必须选择复杂地活着。

英国哲学家罗素在一次课堂上给学生们出过这样一道数学题目："1+1=？"当题目写在黑板上时，坐在底下的高才生们竟然

第四章　心有所定
此心不乱，万事皆安

面面相觑，没有一人作答。几分钟过后，还是没有人回答。罗素见状，毫不犹豫地在黑板上的等号后面写上了"2"。他对学生们说："1+1=2，这是条真理。面对真理，我们有什么好犹豫和顾忌的呢？"

没错，罗素的一句话点醒了我们，面对这样简单但真实的问题，我们不该犹豫和顾忌。生活简单一些，欲望少一些，自由多一些，过自己的生活，不要与他人攀比，简单就是最好的幸福。

徐曼一直是个追求简单的女人，她崇尚自然，不爱化妆，性格豪爽。一天，完美主义者堂妹徐玲神秘兮兮地告诉她："姐，我带你去一个地方，让你当一天公主，保证会带给你惊喜。"于是徐玲拉着她走入了一家美容院。

几个小时后，徐曼完全像变了一个人。徐玲惊讶地说："哇，堂姐你经过这么一打扮完全变成大美人啦。你看面部的精致妆容，发上优雅的发髻，身上凸显身材的礼服，脚上那充满女人味的高跟鞋。简直是完美啊！现在我们就可以出发了。"

徐曼紧张地跟在徐玲后面走，看着大街上的人向她投来的各种目光，她羞涩地将头低下，上前挽着徐玲的手一直问："你要干什么？要带我去哪里啊？"徐玲还是很神秘地回答："去了就知道了。"

到了之后，徐曼吓了一跳，这就是传说中的名流宴会。因为堂妹是一家时尚杂志社的总监，所以经常有这样的机会参加宴会。整个宴会上，徐曼都感觉很不自在，仿佛与这个圈子格格不入。男人和女人们聊名牌、美容、出国游……徐曼一句话都插不上。看着不远处的堂妹正和别人聊得热火朝天，而自己还时不时地担心裙子走光，妆容会不会花掉，这样活着多累啊，一天都在担心中度过。晚上回家堂妹问她："姐，这种生活很好吧？看，你今天多漂亮啊！"徐曼接过话来说："这种生活还是不适合我。这样让人不安的生活对于我来说实在太累了，我还是喜欢素面朝天，随性地活着。"

徐玲就好比一杯令人迷醉的红酒，而堂姐徐曼则是一眼清爽的甘泉。两者都是生活中美丽的风景。但与精致相比，简单更令人活得自在。简单并不是不注重形象，也不是懒惰，更不是没有目标，而是一种心灵的简单。简单的女人一样很爱自己，她们会给予自己不可或缺的东西，但她们不会为了一个造型而花费几个小时，她们可能会选择听音乐、做运动，充实自己。她们可能大都爱休闲装，爱运动休闲鞋超过高跟鞋。

简单的心情就是让自己过得单纯。心情烦闷时，穿上运动衣，来个2000米慢跑，让自己出一身汗，再冲个热水澡；工作压力大时，走到室外，对着蓝天白云，张开双臂，做几次深呼吸，大吼几声……开心了就笑，难过了就哭，没必要遮遮掩掩。人生短暂，干吗给自己的简单情绪贴上复杂的标签呢？其实，越简单越会让人感到快乐。

因此，我们要明白1加1就等于2，千万不要再将身边的任何一件事情复杂化。这样你的快乐就会不期而至。

我们在社会上打拼，经历了太多的磨炼，内心难免复杂化。然而，世界上没有复杂的事，复杂的只是人心和欲望。尝试以单纯的眼光看待事物，你会发现一切事物都是简单的，简单到只需回答"是"或"否"就够了。

你的坚持，终将收获美好

▸

"她的声音带着微微的脆，有一种冰块裂开般的清冽。"听完佟菲的培训课程后，旁边的同事这样对我说。

佟菲是我们公司有史以来业绩最好、年纪最轻的女销售，却有一种超越年龄的成熟。短发、太阳镜、职业装等，无一不显示着她的干练。我想，男孩子们都仰慕她，女孩子们都羡慕她吧！

"我的房子、车子、事业，都是公司给的，没有公司，我什么也不是。你说，我有什么理由不爱公司呢？"她以一个反问句漂亮地结束了培训，提着无数女人渴望的经典款包包走向同样令人渴望的名车，然后潇洒地离去。

"其实，她的口碑并不佳，为了拿单子，什么事都做得出来。而且听说，每当高层出现时，她就变得特别积极。"有同事背后议论。

"而且她只是个自考的大专生。"有同事马上补刀。

人在职场，注定要遭遇人性弱点的种种困境，无论是两面三刀，还是表里不一。那些刚才还笑脸相迎的人，此时已经换了一副嘴脸。

人们习惯性地认为，一个成功者的背后，总是有很多不可告人的秘密，但我觉得，成功背后更多的是难以为外人道的辛酸。

当然，无论他人把佟菲说得如何不堪，我都是不大信的。虽然我才到公司两个月，并不完全了解，但那时的我，已经是一个成熟的职场人士了。一个人成熟后的最大变化，就是对周围人的话不再轻易全信和附和，因为，我已经有了自己的判断。

佟菲是一个孤儿，只有奶奶一个亲人。来到我们公司以前，她只是一个家具商场的营业员，月薪不过区区2000元，在这个时代，这仅能维持最低生活水平。尽管工资低得可怜，但佟菲依然充满了工作热情，做什么事都很认真。其他营业员犯困时，她在研究家具摆设；其他人偷懒时，她还是在研究家具摆设。渐渐地，越来越多的顾客会选择佟菲，因为她不仅会介绍家具，还能像室内设计师一样，给顾客提出很有参考价值的建议。从一开始，她就比别人做得多。

成功的人永远比一般人做得更多、更彻底。做得更多一点儿，离梦想就更近一点儿。

由于她更努力更用心，所以，在公司的一次例行演讲比赛中，脱稿上台激情澎湃的她得到了董事长的注意。她被调到集团办，从此独立承担任务，一个人下工地，一个人跟进工程项目。一个夏天过去后，以被晒成小黑人的代价，她得到了工程完成速度快得大大超过预期的回报。她也一跃成为公司的重点栽培对象。

然而天有不测风云，正当佟菲干得如火如荼时，远在贵州的奶奶心脏病加重，她面临着回去照顾奶奶和继续工作的艰难抉择。

董事长知道后，二话没说就拿出5万元钱给佟菲，说："把奶奶接过来治病吧。"

公司的慷慨换来了她的倾力相报。为了销售集团公司的偏远楼盘，佟菲实行苦力战术，不仅每天要见200个客户，还要努力整合一切营销资源，让销售率提高一些，再提高一些。渐渐地，佟菲成了公司的金牌销售。

"你们总是以为我年纪轻轻便已事业有成，活得比一般人都容易，"佟菲无奈地说，"但其实，我一无所有，能拼的只有努力。那些认为别人命更好的人其实不明白，不是别人比你更幸运，而是别人比你更努力。没有伞的孩子，只能选择奔跑……"

我想，我终于解开了佟菲的成功之谜。

在这个世界上，没有一直走却没有收获的人生，但一定有不愿意走和半途而废的人。

有些人只会羡慕那些有收获的人，慨叹别人的好运，却始终没有想过要走下去，坚持下去，才有可能在自己选择的方向上得到收获。

有些路，总要一个人走

▶ 对于我这样出身普通、学校普通、长相普通的人来说，最难忘的岁月莫过于刚刚大学毕业走入社会的那段日子了。

毕业后，觉得应该自己养活自己了，不好意思再伸手向父母要生活费。从学校里搬出来之后，租住在西安南郊最拥挤的城中村里。

那时候年龄小，不知天高地厚，只觉得前途一片光明，终于到自己大展身手的时候了，于是买了一堆有招聘信息的报纸。刚开始专盯那种工资高、待遇好的大公司，可最后不得不承认，自己根本就不在那些公司考虑的范围内，只好把自己的要求降低，寻找一些比较小的公司。即使是这样，往往也是应征者如云。

那段时间，每次应征都是兴致勃勃而去，结果却铩羽而归。每次面试失败回来的路上，都要路过一条街道，看着很多蹲在墙角，面前摆放着各种证件和求职需求的，比自己强大百倍的小青年，渐渐发现自己的人生就像是玻璃窗内的苍蝇，前途明明一片光明，却总是撞得头破血流，找不到出路。

眼见着口袋里的"粮食"一天天减少，我终于认清了现实。

我发现原来自己如此平庸，不过是这座灯红酒绿的城市里最普通不过的"待拯救"人员，普通到在浩瀚的人群里寻找不到一点儿存在的证明。我觉得自己仿佛掉进了一个大坑，一个深不见底、抬头不见天日的大坑，那种彷徨和迷茫时刻笼罩着我，让我有时候连呼吸都不是很顺畅。

大多数刚走上社会的年轻人都和我一样有着类似的困惑，不知道未来的路要怎么走。这时你的态度，在一定程度上就决定了你日后会成长为怎样的人。

有人因为就业压力大、找工作不顺利就开始投机取巧，千方百计走捷径找关系，当时好像是成功了，也暂时获得了一些并不是通过自己奋斗得来的财富和物质。可从长久来看，这种行为却是一种失败。没有经历过生活历练的人，怎么可能体会得到生活的美好？有的人因为没有找到合适的工作或者一直生活不顺利，就开始郁郁寡欢，对待工作也不认真，得过且过，最后在没有任何激情的工作中蹉跎一生；还有的人没有自己的方向，不知道自己想做什么、能做什么，于是频繁更换工作，就像是小熊掰玉米，到最后什么都没有学会，也没有任何积累，浪费了自己宝贵的时间。这些情况其实一直都发生在我们身边。

很多人都说我心态好，生活中的大多数事情看得很开，其实

第四章 心有所定
此心不乱，万事皆安

我是一个胆小而且缺乏安全感的人。也正因为如此，我才不敢轻易去依赖别人，我担心我依赖的那个人万一有一天不让我依赖了怎么办。只有把命运牢牢攥在自己的手中我才会心安，哪怕是吃馒头咸菜甚至上顿不接下顿，也决不会动摇我坚守的原则。

那时候的我，根本顾不了太多，眼瞅着就要弹尽粮绝，如果不能尽快找到工作，可能就要流落街头了。

我这么告诉自己："能在最艰苦的岁月里不迷失，那么总有一天，我会过上我想要的生活，过上那种不需要仰仗任何人的美好人生。"

一个人如果能在最艰难的岁月里保持自己美好的品质，而且始终相信努力的意义，那么他的成功真的就只是时间问题。

就这样，求职虐我千百遍，我待求职如初恋，终于在即将弹尽粮绝的时候，我被一个很小的广告公司录用了，职务是文员。说是文员，因为公司实在太小，所以什么事情都得做。

公司一共六七个人，挤在一个只有15平方米的格子间里，其中有4个是业务员，一个是业务部经理，一个负责平面设计，老板本人负责杂志的排版和印刷。就这样一家公司，我去面试的时候，还是过五关斩六将，面试了三轮，才最终留了下来。

就这样，我拥有了第一份工作。

那时，我每天总是第一个到公司，然后打扫卫生，整理文件，一切收拾完毕以后，正式开始一天的工作。不忙的时候，我还要给每个在炎热日头底下跑业务的同事端茶倒水，同时还要接听咨询电话和帮忙搜集各种资料。

为了确保每本杂志都准确无误地投放，待每期出来以后，我还要自己去买邮票，贴邮票，一一核对地址，将杂志放进邮袋里，再扛到邮局去。

为了更好地服务客户，方便联系，我把所有客户的联系明细总结并打印成册。生怕遗漏，所以每隔一段时间我就重新联系、核对一次。

这些琐碎重复而又没有任何技术含量的工作，一度让我觉得枯燥乏味，经常会有辞职的念头。但又必须继续下去，因为我需要这份工作糊口。我对自己说："不要害怕眼前的困顿，能把每一项枯燥乏味的工作坚持不懈地做下去也算是一种成功。这样的工作我都能坚持，以后其他的工作我也就不用担心了。"

三个月之后，我顺利转正，老板给我加了薪，还传授我杂志内容资料的搜集和排版印刷等方面的知识。慢慢地，我熟悉了整个杂志的制作流程，掌握了这门技术。虽然我只是一个小小的文员，但是学到的东西受用终身。

后来，老板把杂志业务转让给了一个大公司，而我是除了业务经理以外唯一被留下的老员工，工资涨了一倍，不再跑腿和端茶倒水，只负责杂志的排版和成品的投放。

　　这就是我刚毕业那段时间手忙脚乱的工作经历。总体来说收获还是蛮大的，它让我知道任何人都不可能一蹴而就地过上自己想要的生活，同时也知道只要自己努力付出，日子总会慢慢好起来的。

　　其实，就算我们飞得再高，最终也都要回归到生活的琐碎和人生的无奈当中，不好高骛远，踏实走好每一步，才能离目标越来越近。有时候放低姿态，降低自己的期待值，给自己一个机会真的很重要。也许这个门槛一开始很低，但只要你跨进去，慢慢沉淀，就能学到不一样的东西，你的平台也会慢慢升高。就像跳高，你总得慢慢加高竿子的高度才能看到自己的潜力和成长。没有人一上来就把竿子放到最高的地方，也没有人会在努力很久以后没有任何提升。

　　人生有太多的事情需要自己去独自面对，吃饭、呼吸、快乐、悲伤、恐惧、寒冷、饥饿、贫穷等，这些都是别人不能替代的事情。人要学着独自面对这个世界才能与它和平相处。

　　学会独自面对，并改正惰性、好高骛远、盲目、虚妄、缺乏行动力等缺点。一个人只有把眼前的事情解决好了，才能做好将来的事情。一心只想成大事而不顾及眼前的人，都只不过是为自己的懒惰和好高骛远找借口而已。一屋不扫何以扫天下，不能很好地面对现在，做好当前的事情，你又如何能为你的未来负责？

所以，我想告诉那些刚走上社会的年轻人，千万不要活在自己的幻想中，那些不过是你对自己的误判，不要想那些离谱的事情，不要只躺在那里幻想而不行动。靠臆想出来的世界终究是要坍塌的，趁一切还不晚，一切还来得及，抓紧走出思维的误区才是你应该去做的。

万丈高楼平地起，即使是摩天大楼也需要建筑工人一砖一瓦地建设，也需要打好地基。所以每次快要坚持不下去的时候，我都告诉自己再坚持一下，最穷不过要饭，不死终会出头，我倒要看看最坏能有多坏，最差能有多差。就是这样的信念，一直支撑我走了这么多年。如今，工作渐渐走上正轨，各种问题也能应对自如。我开始过上了以前自己期盼的那种生活。

只要你足够勤奋，足够努力，这个社会总会公平待你。不要总想着一步登天，不要把自己最珍贵的岁月白白浪费掉，走好人生的每一步，就是最大的成功。

因为最艰难的路我自己走过，所以我骄傲；因为最痛苦的时候我没有迷失，所以我自豪。

凡事有交代，是一个人最好的品质

▸

团队里有个同事顾先生，是一个做起事情来特别没谱的人。

每次接手布置下来的工作时，顾先生只管闷头苦干，工作进度从来不会主动汇报，经常需要领导们一再催问他才会告知他们情况，给领导们留下了非常负面的印象。

领导最常对顾先生说起的一句话就是："交代给你的工作办没办成，就不能回个话吗？"他还特别委屈："我只要把手头上的活儿完成不就行了，反不反馈其实并不重要吧。"

对于上级交代的事务，有没有能力办好，在多长的时间内可以完成，都应该给出一个明确的答复。即便中途遇到了摆不平的困难，也应该及时向上级反馈，这才是一个人对工作负责的表现。

领导们认为，抛开能力不说，顾先生的这种工作方式大大地增加了沟通成本。就因为他在工作上欠缺主动性，所以一直没有得到提拔。几年过去了，同期入职的同事都升了职，而顾先生依然是公司里那个不起眼的小职员。

我以前在纸媒工作的时候，每个月都会例行向专栏作者催收最新一期杂志的稿件。有一次，在发刊之前，还差一篇稿子迟迟没有收到。编辑部的同事打电话向作者催稿子，作者回复说，再给他两天的时间。

当时，整本杂志的内容都完成得差不多了。为了等那篇稿子，我们整个团队的工作陷入了停滞状态。两天过去了，作者依然没有半点消息。再联系时，却发现作者的手机已关机，发过去的信息也石沉大海。事后，他也没有给出任何解释。

眼看截稿日期一拖再拖，主编终于忍不住发了火，怒拍桌子说道："从这一期开始，把这个作者的专栏撤下，往后杂志社不再采纳他的任何稿件！"

在这个时代，契约精神实在太重要了。在指定的时间内履行约定，是对他人的一种负责。如果真的遇上特殊情况，一定要及时向他人说明原因，把对彼此的影响降到最低，相信任何人都会给予足够的理解。如果因为自己没有及时完成，消耗了别人的时间成本，不但会透支对方的信任，影响到后续合作，还会暴露自己极为糟糕的人品。

战国时期，魏国国君魏文侯与掌管山泽田猎的虞人约好时间，要一起去打猎。这一天，魏文侯在家里饮酒饮得很高兴，天突然下起了大雨，但魏文侯没忘记打猎的事，于是马上收拾东西准备出发。

他身边的亲信说:"雨下得这么大,您准备到哪里去呢?"

魏文侯说:"我已与人约好一同去打猎,虽然饮酒非常高兴,但怎么可以不遵守约定呢?"

于是,他亲自到虞人那里,跟他说明情况,取消了这次打猎活动。

正所谓:"大事见能力,小事见人品。"

纵观古往今来,那些履行承诺的人,往往更能赢得他人的好感和信赖,任何团体和个人都愿意欣赏和接纳具备这种品质的人才。

事事守约,体现的是一个人内心的责任感,也是对他人最起码的理解和尊重。

我的朋友小林,就是一个在生活中非常靠谱的人。有一次,我和小林在餐厅吃饭,一个客户打来电话找他聊合作方面的事情。聊着聊着,小林的手机突然显示电量不足。于是,他马上跟客户说,如果待会儿没回音了,千万别着急。

即使当时我们正在用餐,小林也是第一时间离开餐桌,一路小跑着去找充电站给手机充电。他不希望客户在另一端焦急地等待,因为那无疑是在浪费别人的生命。

和小林打过交道的客户无一不夸赞他可靠实在,做事稳妥,都说跟他合作起来感觉特别愉快。

据我观察，小林还有一个好习惯——他会很认真地对待别人发来的每一条信息。哪怕有时候手头上有事情在忙，收到的信息没来得及回复，他也会把那条信息设置成未读状态。等他空闲了，再打字回复过去，给他人一种实实在在的尊重。

这个社会从来不缺聪明人，也从不缺能力优秀者，缺的是那种可靠而有担当的人。

生活中也遇到过不少这样的朋友，有时候正在手机里和他们聊着一件事情，屏幕那端突然就没了回应，着实让人有一种不受重视的感觉。

说话做事没着没落的人，往往很难经得起时间的考验。与他们相处共事久了，难免会一次又一次地感到失望和焦虑。以后若是再有什么重要事情，也不敢放心地托付给他们了。

做事有交代，是一个人基本的道德准则，如今却变成一种奢求。一个心智成熟的人，一定会站在对方的角度去思考问题。他们有着强烈的责任感，做起事来也会有始有终。这种推己及人的思维习惯，决定了他们人生的高度。

一个人待人处世的方式，反映了他最真实的人品。那些真诚靠谱的人，往往运气都不会太差。

即使低到尘埃里，也要把梦想高高举起

▸

我认识一个由外地落户北京的姑娘，昵称静静。静静刚刚25岁，却活得像52岁。她当年是个好学生，高考那年，以高出一本线60分的成绩考入了北京某重点大学，大学毕业后，她又以专业排名第二的成绩考上了本校的研究生。

父母都是面朝黄土背朝天的农民，劝她要追求稳定。毕业那年，她开始努力准备北京的公务员考试。

她很擅长考试，几乎场场必过。最后，她选择留在北京的郊区，做一名基层公务员，虽然工资一般，但是，一来能解决北京户口，二来工作确实很稳定。

她听了父母的话，很是珍惜这份来之不易的工作，每天踏踏实实，勤勤恳恳。挨骂了，忍着；无聊了，忍着；受欺负了，忍着；男朋友变心了，忍着……

有一次，她因为一个小错误被领导骂了一顿，想愤而辞职，没想到跟父母诉苦时，却又被父母骂了个狗血淋头。后来，同学给她介绍了一份好工作，年薪是现在的几倍，但她的父母嫌那份

工作不够稳定，骂她太贪心。

她现在每天的生活就是，下班回家后买菜、做饭、睡觉、看电视、玩手机，日复一日。

有一次，我问她："你不是喜欢写作吗？为什么不在业余时间多写点文章？"她一脸淡然的说："写什么写？我妈说了，所有人的生活都差不多。我现在也挺好啊，等过几年结婚，生孩子，养孩子，女人不都是这样吗？慢慢熬吧。"

我很无奈，从她现在的状态一眼就看到了她的未来。

笔友坤是个与众不同的人。他很勤奋，隔三岔五就会发篇稿子给我，请我提建议。出于尊重，我便经常就他的稿件提出一些意见和建议，并勉励他一定要多看、多写。他的文字很有灵性，很快他就写出了热门文章。

坤的父母都退休了，膝下就他一个儿子，他的工作也很清闲，完全不必如此努力。安逸闲散，得过且过，这是小城市里一部分年轻人的生活状态，但他偏不。

在与他打交道的过程中，我渐渐发现，他除了写作之外，还对其他领域多有涉猎。由于喜欢英语，长期听英语广播，他的口语非常流利，被某外语辅导学校聘为老师。每到周末，他就站上三尺讲台，给孩子们上英语课。

如果你以为这就是他的全部，那你就错了。除此之外，他还

第四章 心有所定
此心不乱，万事皆安

学钢琴、弹吉他、学绘画、练字、做主持人，甚至走上话剧舞台，过了一把戏瘾，当上了莎士比亚戏剧社的社长。

这些事情，全部是他在业余时间完成的。

你完全想象不到，一个人竟能如此高效地利用自己的业余时间，一棵生命之树竟会开出五颜六色的花朵。

当我问他为什么会有这么多精力时，他说自己最喜欢的舞者曾说过："有些人的生命是为了传宗接代，有些是为了享受，有些是为了体验，有些是旁观。我是生命的旁观者，我来世上，就是看一棵树怎么生长，河水怎么流，白云怎么飘，甘露怎么凝结。"

他说："我也是这么想的，人生短暂，我们就该活得丰富多彩。"

你可能会说，静静是为了追求稳定，如果你是坤，你也愿意那么折腾，毕竟有退路。

其实不是这样，这跟家庭条件无关。坤有个好朋友叫董哲，他们两家是世交，关系一直很好。董哲的父母是做生意的，家境也很好。董哲从小就不好好学习，在学校经常跟同学打架，跟老师吵架。父母三天两头被叫到学校去，他们为此头疼不已。后来父母听了亲戚的建议，将他到国外去读书，希望他能好好学习。

但是，在国外的那几年，他只学会了花天酒地。回国后，他延续了在国外的生活习惯，白天以谈事情为由在外面吃喝玩乐，

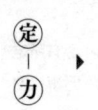

晚上很晚才回家。无奈之下，父母只好让他进了自家公司，想着反正家里也不缺钱，就任他折腾吧。

董哲今年28岁了，就在父母的企业里混日子，反正口袋里有的是钱，根本无须努力。

他不过是躺在父母给他铺就的温床上消耗、浪费大好的青春年华。既然不曾为梦想奋斗过，又何谈丰富的人生呢？

我见过很多人，从他们的现在就可以看完他们的一生。

他们读书时浑浑噩噩，工作后懒散懈怠，最后成为社会大机器上的一颗螺丝钉，被安在了固定的位置，不再对生活有任何期望。他们的生活就像一潭死水，不会泛起一丝波澜。

但等你垂垂老去，到了迟暮之年，你如何跟别人说起自己的一生呢？你有着碌碌无为的一生，还是努力奋斗的一生？你是勤奋的蜜蜂，还是团团乱转的蚂蚁？

总有一天，我们会被推到人生的审判席上，接受命运的拷问：这一生，你是如何走过来的？

生命仅有一次，为何不让它轰轰烈烈一点儿呢？我们无法把握生命的长度，但我们可以改变它的宽度和深度。

生命短暂，更要让自己活得丰富多彩。

第五章 掌握情绪

遇急能静,遇怒能止

掌握情绪，才能掌握自己的未来

▶

我们在生活中会遇见一些人，他们似乎没有脾气，遇事不急不躁，处理事情干脆利落，从不拖泥带水，更不会带着负面情绪去面对工作和生活。他们进退有度、大方得体、理智从容、温润优雅，他们是理性的化身，是人生的赢家。

但事实上每个人的生活都不可能一帆风顺，人生不如意之事，十之八九，既然挫折、烦恼、痛苦是我们每个人都无法避开的，就不可能没有消极的情绪。因此，一个理性成熟的人，不是没有消极情绪，而是善于调节和控制自己的情绪，不让自己的理智被情绪所左右而已。

一位心理学家说过："每个人都有情绪，但不同的是，有些人能够控制情绪，而有些人则是被情绪控制。"能否控制自己的情绪，在很多时候，往往能对一个人、一件事的成败产生决定性的影响。

宋毅是一个特别理智的人，至少他的同事们都这么认为。最近公司新来了一个初出校门的小姑娘，工作上常常出差错，而她的直属领导就是宋毅。有一次，宋毅要组织一个跨部门的项目协调会，安排小姑娘按照议程准备好会议资料，并且提前布置好会议室。到了召开会议的时间，就在参会人员陆续走进会议室时，小姑娘却怎么也连接不上投影仪。好不容易投影仪可以正常播放会议材料了，宋毅又发现小姑娘准备的资料不是最终文件，里面缺少了最重要的财务分析……

大家都觉得宋毅被小姑娘弄得如此狼狈，一定会大发雷霆，谁知宋毅只是拍了拍小姑娘的肩膀安慰道："没关系，不会就多学学，我像你这么大的时候，也是什么都不会，只是下次做事情要仔细些，如果不懂就多向别人请教。"

小姑娘原本做好了被骂的准备，甚至想好了说辞。而此时，宋毅的一番安抚，让她鼻子一酸，眼泪差点儿流了出来。从此以后，她特别用心地工作，进步的速度非常快，再也没给宋毅惹过麻烦。

后来，在一次年会上，此时小姑娘已经升职为一个部门的主管，她向宋毅敬酒时问道："一般人面对手下给自己惹了麻烦、让自己丢了面子时，肯定都会大发雷霆，为什么你当时没有发脾气？难道宋哥你是一个没有脾气的人？"

宋毅说："每个人都有脾气，我同样也有，我和别人的区别只在于我不乱发脾气。当年那件事，第一，你不是成心的；第二，你当时刚入职场有很多东西都还不懂,要罚也不应该就罚你一个,带你实习的同事也要一并处罚才算合理;第三,事情已经发生了,与其发火责怪你,不如给你合理的建议,帮助你尽快熟悉工作。"

小姑娘听完,受益良多,她想了想,觉得"发脾气是本能,控制脾气是本事"还真有几分道理。从此,在生活和工作中,遇到任何不愉快的事她都提醒自己放宽心,不与负面情绪纠缠。后来,她的职场之路一直都走得相当顺遂。

美国作家、成功学大师拿破仑·希尔曾说过:"我发现,凡是情绪比较浮躁的人,都不能做出正确的决定。成功人士基本上都比较理智。所以,我认为一个人要获得成功,首先就要控制自己浮躁的情绪。"

历史上因为能够控制自己的情绪而被人称道的名人很多,英国前首相丘吉尔是其中一个。据说,有一次丘吉尔在一个公开场合演讲,他讲得正精彩的时候,有人从台下递上来一张字条。丘吉尔以为是工作人员给他的提示,于是便接过来打开一看,令他吃惊的是,纸条上赫然写着两个字:笨蛋。

丘吉尔看完后,脸色并没有什么变化,他知道台下有反对他的人正等着他出丑,于是他便神色从容地朝着台下笑着说:"就在刚才,我收到了一封信,可送信的人只记得写他的名字,却忘了写内容。"

简短而带着笑意的一句话，在无形中化解了自己的尴尬，也恰到好处地将了对方一军。如果这个时候，丘吉尔控制不住自己的脾气，不仅会正中送字条的人的下怀，事态的发展很可能也会失去控制。

能够控制自己情绪的人，才能掌握自己的未来。有一句话说得很好：弱者任由情绪控制自己的行为，而强者只会让行为控制情绪。理性的人不是没有情绪，他们只是不会被情绪左右。努力用理智控制情绪，不要冲动，不要小题大做，不要对别人的一点儿小错就耿耿于怀，我们可以通过改变态度，进而改变人生。至少，当我们意识到需要改变的时候，一切就已经在朝好的方向发展了。

优秀的人,从来不会输给情绪

▶　小建再次愤而离职了。小建是我朋友的表弟,我还曾帮他介绍过工作,后来,他跟经理顶嘴,负气走人了,连工资都没要,还叫嚣:"小爷不缺他们那点儿钱。"

小建大学毕业三年了,这期间,他换了好几份工作,每次离职都是因为脾气太大,跟人有了矛盾,一点儿都不能忍。他的名言是:"哥是个有脾气的人。"

小建家境一般,父母都是普通工人,但在父母两边的大家族里,就他一个男孩。所以,他从小就很受爷爷奶奶和姥姥姥爷的宠爱,也因此被惯坏了。想要什么,家里就得买什么,想干什么,就一定要去干,调皮捣蛋,惹是生非,父母没少因为他到处求情告饶。平时稍有不顺心,他便暴跳如雷,撒泼打滚,家人也都惯着他:"男孩子就得有点儿脾气,太软弱会被人欺负。"晃晃荡荡,他就高中毕业了,由于高考分数太低,只好上了个三本,至少有个大学文凭。

大学毕业后,小建向众人夸口一定会干出一番事业。他的第一份工作是自己找的，在某公司做销售。销售的工作非常辛苦，不仅风里来雨里去，还要看客户脸色，但是提成高，能迅速赚到第一桶金，这一点非常吸引刚毕业的小建。

刚工作满三个月，小建就不干了，理由是某个客户总是提无理要求刁难他。在他离职后，父母才听说他是因为受不了总是要低三下四地求客户才辞职的。从此，小建再也没找过市场销售的工作。

第二份工作是父母托人帮忙找的，在一家企业做内勤。有一次，因为弄错了一个小数点，小建被经理当众责骂，还扣了当月的绩效。脾气暴躁的他当众和经理翻脸，一怒之下再次辞职。

第三份工作是他的表姐托我找的，在一家公司做库管。但刚干满半年，由于跟经理顶嘴，他摔门而去，死活不再去上班了。他并不知道他的表姐为他道了多少歉。

眼下刚离职的是第四份工作，是亲戚帮着介绍的，在一家企业做文化专员。小建美滋滋地去了。但是在组织培训时，主管让他去订快餐，他生气了，对着主管大吼："我来这里不是为了给你订快餐的！"说完，又甩袖子走人了。此后，他脾气大的名声传了出来，再也没有人愿意帮他介绍工作，而他，也赖在家里，成为父母的一块心病。脾气比本事大，注定了小建的职业生涯会比别人多一些坎坷磨难。

我前同事沐沐是个很有能力的人，最后也是折在了脾气不好上。沐沐本是公司的销售新秀，在近一年里，她的销售业绩每月都有很大提升，别说部门经理对她百依百顺，就连主管销售的副总也得哄着她干活儿。在年终考核中，她又是冠军，刚好赶上部门副经理一职空缺，管人事的经理就找她谈话。看样子，她很可能会被提升为部门副经理。

一次，有位老同事好心帮着整理东西时，不小心弄乱了她的办公桌。她发现自己整理好的报表被翻动过之后，瞬间大发雷霆，让大家震惊不已。

那个同事忙不迭地跟她道歉，却被她一顿挖苦讽刺，大意是说：没什么能耐，就指着端茶倒水巴结人，见人眉眼高低办事，十足一个"马屁精"。

老同事委屈得直掉眼泪，同事们纷纷走过来劝慰老同事，对她表示不满。没想到，老总那天刚好经过，亲眼看见了沐沐说话时刁钻刻薄、趾高气扬的样子，紧皱着眉头离开了。

第二天，销售部晋升员工的名单下来了，却没有沐沐的名字。沐沐气呼呼地去找人事经理问个究竟。人事经理告诉她，她的工作年限不够。沐沐不服气，又去找部门经理，部门经理避而不见。后来，她索性直接去找总经理。她当然很有底气："怕什么，反正我的业绩很好。"老总闭门不见，只让秘书给她带来了一句话：

"或许你是个好的销售员,但绝对不是个合格的管理者。等你慢慢学会了控制自己的脾气,才配得上领导的岗位。"

如果你的脾气大过了你的本事,请在培养本事的同时,慢慢学会控制你的脾气。否则,你的脾气将是你事业发展过程中潜藏的一枚炸弹,随时都可能爆炸。

我大学刚毕业时,英姐曾给我上过生动的一课。我初进公司,是个新人,而公司同事都是一副盛气凌人的样子,因此我也不敢多说话,每次都是一个人去餐厅吃饭。

我每次去餐厅,都是人最少的时候。有一次,我看见一个人因为饭菜打少了而跟后厨吵了起来,害得打饭的小妹吓得直抹眼泪。争执的过程中,一个大姐出来劝解,没想到也被发火的那位一通奚落,但大姐不气不恼,统统领受。劝走发火的那位后,她又去安抚打饭小妹,直到那个小妹破涕为笑。

大姐笑容朴实,打了饭菜跟我坐在了一起。见我面生,就跟我聊了起来。由于不在一个部门,我并不知她的身份。她耐心地给我介绍公司的各种制度,以及各种工作流程。

我把她当成知心姐姐,以为她只是个年纪稍大的新人,跟她讲了很多职场的困惑。她笑着给我一一释疑,并鼓励我要好好学业务,好好学做人,千万不要让脾气大过本事。

等她走后,我才从后厨小妹的嘴里得知,原来她是公司设计

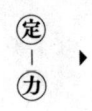

部总监，也是全公司最有本事、最没脾气的人。她是科班出身，美术功底极好，在公司供职十几年，做到了设计部总监的位置，每年的设计大奖几乎都是她指导设计的，为人却特别谦和。

本事越大的人，越没有脾气。

年少时，我们往往意气风发，心比天高，发誓要闯出一番事业。但事实上，并非仅靠豪情壮志就能轻易成功。生活中有很多挫折、磨难、阻力、非议，这些都需要我们拿出智慧和耐心与之周旋，一一应对。但年轻人往往沉不住气，控制不住脾气，不想被管束，不想吃苦，害怕被看轻，害怕被斥责，殊不知，谁不是在这些零零碎碎的打击和磨炼下一步步走向成熟的呢？

天外有天，人外有人，先不论本事大小，请记住，学会控制自己的脾气是一种美德。如果你还年轻，永远别让你的脾气比本事大。那些脾气大过本事的人，最后都活成了笑话。有本事的人，往往最没有脾气。有人误以为脾气就是个性，于是自以为是地逞强好胜，实际上，脾气是这个世界上最没用的东西，千万不要拿它当宝贝。与它为伍，你只能丢盔卸甲，惨败而归。

"大智者必谦和，大善者必宽容"，唯有爱耍小聪明的人才会张牙舞爪，咄咄逼人。管好你的脾气，才能好好发挥你的本事，才能好好经营自己的一生。

你的脾气，暴露了你的教养

▶

记得之前单位里有个女同事，脾气极端暴躁。因控制不住自己的情绪，她经常与别的同事发生冲突，所以人缘非常糟糕。对于自己的脾气，她从来都是直言不讳："我就是个直性子，说话不喜欢拐弯抹角。"

有一次，老板在开会的时候训斥了她几句，她就当着在场所有同事的面跟老板争吵了起来。没多久，她就被劝离了。

在日常生活中，她经常在微信朋友圈里发一些非常负能量的东西：与婆婆闹矛盾了，一口一句脏话地咒骂着；因为一两块钱与早餐店的老板吵得不可开交，扬言要让对方好看；早高峰地铁乘车时，被拥挤的人群挤到，也会与别人争吵半天……在她的生活里，好像没有一天是过得顺心的。

再后来，我索性将她的微信朋友圈屏蔽了。我觉得，一个连情绪都控制不好的人，就等于给自己贴上了一个不大体面的标签。

我上周末参加一个自媒体培训课程时，碰到了一个许久未见的同行小清。在休息时间，我们聊了些关于生活上的事情。

小清说她丈夫脾气很差,让她难以忍受。小清的丈夫经常因为一点儿鸡毛蒜皮的小事冲她大发脾气,甚至还喜欢乱摔东西。每次夫妻俩吵架,都能惊动一整栋楼,居委会人员曾多次上门协调过纠纷。小清好几次气得回了娘家。可是没过几天,丈夫又会找上门来,可怜巴巴地恳求和好。

丈夫每次都会主动认错,表明是自己做得不好。他说他控制不住自己,所以才会说一些很难听的话来伤害小清,可是话一出口就后悔了。他向小清保证以后会克制,一定不会再犯相同的错误了。看着丈夫主动认错的样子,小清又会心软下来,然后跟着丈夫回家去了。可是没过多久,同样的情况再次上演。

小清说,其实丈夫本质上并不坏,只是不善于控制自己的情绪,导致家庭纷争不断,这让她很是苦恼。

在我们身边,从来不乏脾气火暴的人。他们的情商几乎为负数,外人的一句话或一个举动,都能让他们火冒三丈。无论最终是输是赢,他们都会淋漓尽致地向别人显示自己教养的缺失。正是因为他们控制不了自己的情绪,所以在生活中走了不少弯路。逞能斗气不但解决不了问题,反而还会加剧事态的严重性。

有一次,我和朋友去手机营业厅办理业务,一个男用户怀疑自己无故被扣除了一大笔流量费,和营业人员起了争执。后来,店长出来试图打圆场,也被男用户用各种侮辱性的言语漫骂了半个多小时。店长并没有还嘴,而是等用户的气渐渐消了以后,才耐着性子跟他解释了账单上的问题。

店长处理事情时镇定自若的态度,让在场的人无一不佩服他的定力和修养,我也在心里默默佩服。

反观男用户,在弄清楚自己多扣除的流量费用是由于自己疏忽所导致时,他面露羞涩。最后,在众目睽睽之下,他灰溜溜地走了。

当时一旁的朋友就跟我说,没想到这个店长真能忍啊,被骂成这样居然还面不改色的,如果换了是他,早就顶回去了,哪怕是丢了这份工作。

生活中,那些把情绪处理得当的人,往往更容易得到他人的信任和尊重。

西汉大将军韩信年轻时曾受过"胯下之辱"。有一天,一个屠户对韩信说:"你虽然长得高大,喜欢佩带刀剑,其实是个胆小鬼。你要是不怕死,就拿剑刺我;如果怕死,就从我胯下爬过去。"

韩信仔细地打量了他一番,低下身去,趴在地上,从他的胯下爬了过去。满街的人都嘲笑韩信,认为他胆小。

后来,韩信做了将军,跟人讲起昔日的"胯下之辱":"当时我并不是怕死,而是没有道理杀他,如果杀了他,也就不会有今天的我了。"

如果当时的韩信头脑发热，按捺不住自己的情绪，意气用事，将对方杀死，等待他的恐怕将是一辈子的牢狱之灾，日后人们所知道的一代名将就更无从谈起了。

能不能控制自己的情绪，守住分寸，体现的是一个人的品性与心理素质。在日常生活中，我们很多时候都习惯通过"情绪"与人进行沟通，所以说话时注意拿捏尺度，不使用过激的言语伤害他人尤为重要。

能够克制自己的言行，包容他人，是为人处世中一种必备的能力。不要忘了，你在善待他人的同时，也在为自己赢得尊重。

一旦冲动决堤，生活则将失控

▶

　　网络上曾流传过这样一个段子：有一个人去吃烧烤，对桌的男女一边吃一边朝他这边多瞟了两眼，这人当下就把烧烤棍往桌上一撂，大声朝对桌的男女喊道："你们有毛病吧，瞅什么瞅！"

　　恰好对桌的男女也是火暴性子，莫名其妙地被陌生人吼了，女的觉得自己受到了侮辱，顿时拍案而起："你才有毛病呢，我就看了，你能咋样？"

　　一场大战就这么打起来了。

　　两个男人扭打成一团，场面一片混乱。对桌的女人继续用语言暴力加入这场混战："哎，你这人怎么这样，竟敢打人？你是什么稀罕玩意儿，看你两眼都不行？欠抽吧？"

　　这暴躁的男人先挑起的事儿，此时听对桌的女人这么说，气得一边打架一边不忘回嘴："就不让你看了，我就打你俩了，你能怎的？"片刻，整个烧烤摊已被砸得七零八落。最后以报警处理。

　　当人们遇到一些无理取闹的人时，很多人往往按捺不住自己的冲动，原本可以好好沟通解决的事情，最后却要闹到不可收拾的地步，这是最典型的不理智。

研究表明，脾气暴躁的人更容易产生挫败感，更容易遇到心理危机。他们与能够自控的人相比，生活往往更不如意，人际关系也更差。

每当我们冲动的时候，不妨先问问自己：我们去争这一场对错，就算争赢了又能得到什么？相信很多人深思熟虑之后，必定会有更为正确的选择。

我们还冲动，说明我们对生活有激情；总是冲动，则说明我们还不懂什么是生活。

某次足球世界杯的比赛，意大利队对决澳大利亚队，双方球队势均力敌，踢得热火朝天，胜负难分。这场比赛已经整整踢了95分钟，所有电视机前的观众提心吊胆，大气都不敢出。电视中，某解说员激情四射地解说着。最终，意大利队以一粒点球战胜了澳大利亚队，结束了这场比赛。

深爱意大利队的某解说员顿时失声哽咽，以一种近乎疯狂的语气盛赞意大利队的胜利，而完全不顾电视机前澳大利亚队球迷的感受。这场激情解说持续了3分多钟，这场缺乏专业精神的足球赛事解说立刻在国内掀起了轩然大波。

事后，某解说员虽公开向观众道歉，但他还是被取消了下一场比赛的解说资格，舆论压力接踵而至。

佛曰：一念愚即般若绝，一念智即般若生。人是感性的动物，一旦冲动决堤，很可能会让生活从此偏离正常的轨道，从而影响自己的一生。因此，请一定要时刻提醒自己：千万不要放任心底冲动的魔鬼。少做那些令自己后悔冲动的事，才不会让自己陷入困境之中。

人的一生不可能万无一失，犯错是每个人成长过程中不可避免的。假如我们曾经因为冲动而犯下错，请在宽恕自己的同时，告诫自己一定不要再犯。与其在不断的冲动中做一些让自己后悔莫及的事，不如努力管好心中的魔鬼，善待这个世界，做一个成熟、稳重、理智的人。

还等什么呢？与其让"感性"影响我们的行动，不如让"理性"决定我们的人生。

为小事计较，只会显露你的浅薄

　　拥挤的地铁里，两个打扮入时的女人互揪着头发，厮打在一起，肆无忌惮地谩骂。究其原因，不过是因为一个座位罢了。旁观的人们露出各种表情，有人皱眉不解，有人摇头叹息，有人出言劝和，有人转身回避。

　　生活本由各种各样的碎片组成。有些碎片看起来精美绝伦，有些碎片看起来丑陋不堪，可是少了哪一样，都不是完整的生活。只要多欣赏一下美好的，少计较一下不美好的，就不至于伤心动气了。总是把目光盯在那些不值一提的小事上，只会越活越狭隘，越活越肤浅。若还要无休止地纠缠下去，就会在不知不觉中消耗掉心智。

　　安德烈·摩瑞斯曾在《本周》杂志上说："我们常常因为一点儿小事，一些本该不屑一顾、抛置脑后的小事，弄得心烦意乱……想想我们活在这世上的日子不过几十年，而我们却浪费了很多不可能再补回来的时间，为一些无足轻重的小事而烦恼，真是太不值得了。"

每每遇到不顺心的事,忍不住想发脾气时,夏夏就会在心里默念:"没什么大不了!不计较这些了。"默念几遍之后,她便会觉得宽慰多了。

那天,夏夏和先生邀请几位朋友到家里做客,并特意准备了西餐。平日里夏夏就是一个很讲究的女人,客人快到时,她突然发现,有三条餐巾的颜色和桌布不配。她跑到厨房里查看,才发现先生新买的两包餐巾竟不是同一种颜色。

她很懊丧,很想冲先生发脾气。这时,客人们已经到家门口了,若跟先生为此事吵闹,岂不很尴尬?她做了一个深呼吸,劝说自己:"算了!没什么大不了,不计较这些了!"说完,就洋溢着笑脸出去迎接朋友了。大家笑着直接走进餐厅吃饭,当晚的气氛很融洽,众人都夸奖她的厨艺不错。至于餐巾的颜色问题,似乎并没人注意到。

朋友走后,夏夏才把餐巾的事告诉先生,并笑着说自己差一点儿就大发雷霆了。

先生笑问:"你一向很讲究,遇到我这个马大哈,办了这么一档子事,怎么还能忍得住?"

她坦白说:"我也得权衡一下啊!与其让朋友觉得我是个不那么讲究的人,也不能让他们觉得我是个爱发神经的女人。不讲究还可以说成不拘小节,可大发雷霆就只能是没修养了。为了一点儿小事大动肝火,惹人耻笑,实在有点得不偿失。"

人生苦短,无论是工作还是生活,繁杂琐碎、惹人厌烦的事太多。满是疲惫的时候,哪怕是一点儿小事,也可能会惹得情绪爆发。可发泄过后呢?什么也没有改变,却适得其反了。就算没有发泄到他人身上,自己喝闷酒,哭得眼睛红肿,也不过是在狠心地惩罚自己,何苦呢?

生气恼怒,永远解决不了问题,只会让问题更加复杂。人与人之间的摩擦,往往都是微不足道的小事。既然是小事,有必要争得面红耳赤,谩骂厮打,结下一生的死结吗?放开心胸,大度一点儿,忍让不是软弱,而是一种修养。

梦菲原来的公司经营不善,开不出工资,一时间解聘了所有人。学历不高、工作经验欠缺的她,奔波了很长时间,也没有找到新工作。

一天,梦菲到某公司面试。那家公司在16楼,好在当天等电梯的人并不多,她上电梯的时候,同乘的只有两名男子。在电梯门即将关闭的时候,突然有人伸出一只手来。只见一个男人气急败坏地走了进来,冲着她大喊:"你是不是聋了啊?我喊了半天,让你等会儿,你听不见啊?"

电梯间的气氛瞬间变得很凝重,另外两名男子看着她,想知道她会如何应对这个随便迁怒于别人的男子。没想到,她竟然没生气，而是很平和地说："不好意思，我真的没听见。"伸手不打笑脸人，那男子也只好作罢，没再言语。

等待面试时，梦菲意外地发现，面试考官竟然就是刚刚在电梯里的那两个男人。显然，她被录用了。考官没有询问她的学历、工作经历，只问了一个问题："你为什么不生气？"

梦菲解释道："他嚷也嚷了，骂也骂了，我再和他生气争吵，没什么意义。我今天是来面试的，不想因为这些事搞砸了心情，影响面试的状态。况且，既然同乘一间电梯，说不定他也在这栋写字楼里工作，甚至还有可能会是我将来的同事，抬头不见低头见，何必为了这点小事结怨呢？不值得。"

英国著名作家迪斯雷利曾说："容易为小事生气的人，生命往往是短暂的。"我们在聆听这一箴言的时候，不妨再谨记一条：容易为小事生气的人，生命总是浅薄的。做人应该学得大气一点儿，凡事不要太较真，认死理。太认真了，就会对什么都看不惯，也会一步步把自己逼到绝望的深渊。唯有懂得宽恕、懂得容忍和爱的人，才能在有限的生命里，活出无限的喜悦与精彩。

微笑着原谅别人的无心之过

▸

　　人生路上，谁都少不了犯一些无心之过。或许，每个人都曾有过这样的体会：自己无意中犯了错，违背了别人的意愿，打乱了别人的计划，给别人造成了麻烦，这时第一反应往往是担心对方大发雷霆，纠缠不休。倘若对方一笑而过，从容地说句没关系，自己心中不免会赞叹对方的气度和修养。

　　我们在面对别人的无心之过时，要时刻谨记："己所不欲，勿施于人。"我们不希望看到一张满是怨气的脸，听到咄咄逼人的声音，那么别人一样也不希望。忍住一时的怒火，报以宽容的微笑，这是一个有修养的人所该做的。

　　一对看起来宛如姐妹的母女，在餐馆里点了一份特色蒸鱼，好不容易等来了这道菜，可还没等菜放到桌上，一场小小的意外就发生了。

　　上菜的女服务员长得小巧玲珑，看样子年纪并不大，做事也不熟练。她端上蒸鱼时，盘子倾斜了，鱼汁泼洒在那位母亲的LV皮包上。母亲本能地跳了起来，刚刚还跟女儿有说有笑的脸一下变得严肃起来。眼看着，一场"暴风雨"就要来了。

她还没有开口，旁边的女儿便站了起来，对着女服务员露出一抹温柔的微笑，说道："没事，没事，擦一擦就好了。"女服务员吓坏了，手足无措地盯着那位母亲的皮包，嘴里连说："对不起，对不起，我不是故意的，我去拿一条干净的毛巾……"女儿却说："没事，你去做事吧！真的没关系。"她的口气温婉柔和，倒像是她给别人惹了麻烦一样。

母亲瞪着女儿，就像是一只快要爆炸的气球。她实在不明白，女儿怎么会这么"大方"。女儿平静地看着母亲，什么都没说。餐馆的灯光很是明亮，母亲突然发现，女儿黑亮的眼眸里，竟然镀着一层薄薄的泪光。这顿晚饭，两个人吃得很沉闷。

回到家后，母女两人坐在沙发上。这时，女儿突然跟母亲讲起了她在英国留学时的事。大学毕业后，她顺利考入英国一所大学读研究生。为了锻炼她的独立性，母亲在假期里没让她回国，而是让她自己策划背包旅行，或者尝试一下兼职打工。在家的时候，她十指不沾阳春水，什么粗工重活都没做过，不过，她决定做服务员来体验生活，可谁知第一天上班就闯祸了。

她被分配到厨房清洗酒杯。那些漂亮精致的高脚玻璃杯，一个个薄如蝉翼，只要稍稍用点力，就可能变成晶亮的碎片。她战战兢兢、小心谨慎地把一大堆酒杯都洗干净了，正要松口气的时候，不料身子一歪，一个趔趄摔倒在地。那些酒杯也被撞倒了，满地全是晶亮的碎片。

当时，她有一种堕入地狱的感觉。她以为，领班会冲着她吼叫，甚至辞退她。可没想到，领班却不慌不忙地走了过来，搂住了她，问："你没事吧？亲爱的。"接着，便吩咐其他员工把地上的碎片打扫干净。领班连一句责备的话都没有说，这让她的内心充满了感激。

还有一次，她在给客人倒酒的时候，不小心把鲜红的葡萄酒倒在了顾客白色的裙子上。她以为顾客会大发雷霆，却没想到对方反过来安慰自己："没事，酒渍而已，不难洗的。"说完，顾客拍了拍她的肩膀，然后静静地走进了洗手间，一点儿都不生气，一点儿都不张扬。

她对母亲说："妈妈，既然别人都能原谅我的过失，我们为什么不能原谅别人呢？那个小姑娘，恐怕年纪还没我当年大。"

母亲不由得羞愧起来，自己活了五十余载，心胸竟还不如一个20岁的女孩开阔。过去，她给人的印象一直是"厉害"，但凡有人弄脏了她的皮鞋或衣服，她总是喋喋不休，不依不饶。可是今天，优雅宽容的女儿教会了她重要的一课："微笑着原谅，才是真正的高贵。"自那之后，她的性情也变了许多。

一次输液时，实习护士忘了给她做皮试就扎吊瓶，幸好发现及时。年轻的护士一下慌了神，这让她想起了自己的女儿。她忍着难受，一字一顿地安慰护士："姑娘，别慌，先把针头拔掉。"护士这才回过神，迅速地拔了针头。

不管怎么说，这都算得上是一起医疗事故，责任很明显。可她一脸的宽容。旁边的病友问她："你怎么不生气呢？"她说："小护士也不容易，刚走上社会，若是咱们的女儿，咱们也不忍心她被人责难，不是吗？"

人非圣贤，孰能无过？生活中，谁都有可能因为粗心大意而犯错，我们若是紧紧抓着对方的过失不放，一味地执着于别人的错误，就显得自己太过苛求和狭隘了。更何况，大发雷霆、纠缠不休，只会雪上加霜。与其如此，倒不如用温和的姿态原谅对方，换一种方式，不仅能赢得对方的尊重和信任，也有助于提高自身的修养与内涵。

第六章　忠贞不渝

默然相爱，寂静欢喜

人生足够长，你能遇见合适的人

▸

　　椰子姑娘在不知多少次约会无果后终于灰心丧气，借着一点酒劲儿成功无视了全部的男士，她挑着漂亮的丹凤眼无奈地问："你们说，为什么现在的好男人就像珍稀动物一样，想找一个那么难？又没有什么天灾，没有女朋友的好男人都灭绝了吗？"

　　她不算是十分挑剔的女生，起初还幻想着"只要长得顺眼，能够懂我，对我好就行了，其他条件都无所谓"。很快她就发现，这是个根本没办法丈量的条件，反而会让别人觉得她矫情。

　　于是，她将择偶条件逐步精确，从"跟我一样是研究生学历或以上，身高不低于180厘米，自己能拿出买房首付的钱，教养好，五官端正"到"有一份稳定工作，不说脏话，不酗酒，周末双休"，再到"学历不能低于专科，身高不能低于170厘米，没固定工作也得有稳定的经济来源，当然不能啃老"。

　　我们跟她打趣，下一步是不是就变成"男的，活的"就可以了。

　　她翻个漂亮的白眼："恨不得呢。"

椰子姑娘的相亲史一向是朋友圈里人人喜闻乐见的事。她第一次相亲的时候，对方是个银行职员，据说三年之内有可能被提升为主管。初见面是在一个咖啡馆，两人相谈甚欢，准备聊下一次邀约。可是，男方无意间看到椰子姑娘用的是范思哲手袋，立马愣了一愣，硬生生将邀约的话题转到了最近的天气和美国的政局。喝完咖啡后，男方再也没跟椰子姑娘联系。

椰子姑娘丈二和尚摸不着头脑，趁着朋友聚会逮住介绍人厚着脸皮问："那个××怎么回事啊，我看他还挺顺眼，他到底嫌弃我哪点啊？"

"你的范思哲手袋，顶人家一个月工资。人家嫌你拜金，说是姑娘年纪轻轻就这么奢侈，以后养不起。"

"天地良心，"椰子姑娘欲哭无泪，"我又没问家里人要钱，不过是刚好这个月奖金有富余才买的，又没有影响我日常的衣食住行，也算是计划内的消费啊，我怎么奢侈了？"

"姑娘……你以为世界上所有人都像你一样，有这么好的工作啊。你这样的行为会给男人很大的压力的。"介绍人叹了一口气，"虽然你觉得没什么，但是男人也要自尊啊。一眼看上去月收入低你一半，想到今后结了婚还得忍气吞声给你当牛做马，顿时底气就没了，哪还想跟你约会啊。"

椰子姑娘这才恍然大悟，在后来的很多次相亲中都提着淘宝爆款包，穿着最朴素的衬衣、牛仔裤，绝口不提自己的学历，不被问到工作坚决不主动开口。饶是如此，也不免遇到各种极品的相亲男。

她曾被嫌弃个子太高，被抱怨语速太快，被挑剔性格不够温顺，等等。最搞笑的一个相亲男，居然还认认真真地问过她："虽然我学历没有你高，工作也没你好，可是我家是比较传统的家庭，结婚以后你就辞职在家当全职太太吧，把我爸妈也接过来照顾着，好吗？"

她咬牙切齿地讲起这个相亲男，恨不得将手中的热咖啡像偶像剧里演的一样狠狠泼过去："还全职太太，还把他爸妈接过来同住，就他那少得可怜的工资，就只能上半月喝汤吃糠，下半月喝西北风。"

随着时间的推移，她一天比一天着急，相亲的频率也与日俱增。她是个认真的人，一向笃定地认为在什么年龄就要做什么样的事，可是在她最适合结婚的年龄，偏偏就是不出现愿意跟她结婚的人。

"难道我真的就嫁不出去了？"椰子姑娘感慨一句，"我可以不提学历，甚至可以换工作，可是男方嫌我个子高怎么办，我总不能把腿锯了吧？难道我真的注定要单身一辈子吗？我马上就30了啊！"

好不容易有一次她宣布说:"我觉得这次相亲的人应该可以凑合交差了。"结果,这段恋爱持续的时间并不算长,大概3个月后,椰子姑娘宣布了分手。

她神情恹恹地说:"要不然我干脆辞职算了,假装成无业女文青,说不定还能遇到看上我的人。"

椰子姑娘就像龟兔赛跑中跑得太快的兔子,遥遥地看着身后的乌龟,犹豫着要不要停下来等一等,等后面的乌龟慢慢追上来,装作差距不存在,只为等一个一起去终点的伴侣。

又过了很多个月,终于听到了椰子姑娘的好消息。她跟一个高她半头的男人在一起了,那男人和她说话的时候会温和地注视着她,会绅士地帮她开车门,会陪她一起看没字幕的韩剧,会和她一起捕捉生活中的笑点……

我们都由衷地为椰子姑娘感到高兴,庆幸她没有"锯腿",否则当她停下来一面疗伤一面等乌龟的时候,身边跑过去一匹优秀的白马,哪里还能追上?

在我写下这篇文章的时候,椰子姑娘已经是结婚半年的幸福小女人了。她依然做着自己喜欢的工作,踩着高跟鞋东奔西跑,而她的另一半也有自己的生活,他们的婚姻像是所有及时出现的爱情一样温润而美好。

椰子姑娘告诉我,只要是对的那个人,无论多么晚都不算迟。

所以啊，如果你本身就跑得很快，请不要等你身后的人慢悠悠地走过来指责你的优秀，将你所有的好变成不好，彻底颠覆你的人生观、世界观，让你觉得自己一无是处。

请你一直跑下去，即使遇不到同行的兔子，遇到一只熊、一只羚羊、一匹马也是很好的。那样，你可以继续享受周围的景物飞驰向后的快感。

爱情不盲目，才会有美好的结局

▸

电视剧《猎场》中，面对曾经的恋人，罗伊人对郑秋冬说："我这人没什么定力，谁追得狠了，我就跟谁走。好像羊，容易被顺手牵走，就当那是爱情吧！"

22岁的刘姑娘就是这么一个没定力的"罗伊人"。

遇见曾远的时候，刘姑娘还沉沦在一段"剪不断，理还乱"的异地恋中。男朋友是她的大学同学，两个人原本约好一起考本校的研究生，结果，刘姑娘惨遭"滑铁卢"，男朋友也发挥失常，被调剂到了另外一座城市。

刘姑娘的父母不想让她离家太远，而她自己也没有背井离乡的打算。于是，考研失利的刘姑娘在父母的安排下，顺利地进了一家不错的单位。曾远就是当时面试她的主管。

曾远体形偏胖，长相老成，但是脾气好，厨艺一流，属于居家型的男人，可他并不是刘姑娘理想中的男朋友。

刘姑娘长得漂亮，还是个地地道道的"吃货"。第一次同曾远吃饭，就品尝到了他亲手炮制的小龙虾，也是在这一次，曾远第一次向刘姑娘表露了心迹。虽然刘姑娘当场婉拒了他的爱意，但是不得不折服在他精湛的厨艺之下。

每次刘姑娘大快朵颐之后，作为旁观者的闺密就无比心惊肉跳，忍不住提醒她："你可长点儿心，别以为人家对你好，你就跟人家关系好了，要记得你真正的男朋友在隔壁城市呢！"

对于闺密的忠告，刘姑娘不以为意："放心吧！我都明确地拒绝他了，我们现在是纯洁的革命友谊。"

刘姑娘一边和男朋友谈着异地恋，一边享受着曾远无私奉献的美食。当然，还远不止这些。刘姑娘从家里搬出来住的时候，灯泡坏了，曾远来换；马桶坏了，曾远来修。但凡刘姑娘有个头疼脑热，曾远就像24小时待命的保姆一样，鞍前马后，随叫随到。

一边是男朋友，一边是"生活大百科"形影不离的"男保姆"，刘姑娘尽管有时也会忐忑不安，但总体上来说，她很享受目前的状态。半年后，刘姑娘在一场感冒的摧残下，终于被曾远无微不至的照顾感动了。

和曾远确定关系之后，刘姑娘才意识到两个人是多么不合适，最主要的是两个人的生活理念格格不入。刘姑娘追求时尚，讲究生活品质，喜欢旅游，爱玩，平时花钱也大手大脚的，总爱买一些好看却不实用的东西。曾远则比较务实，为人节俭，什么都能凑合，甚至连内衣都可以补了又补，完全不能穿后，还要剪了做抹布。最初，曾远对刘姑娘极度宠溺，认为所有的"浪漫"都需要大量的金钱来成全，想要什么就会给她什么。时间长了，曾远有点儿吃不消了，就开始管控刘姑娘的日常开销。先限制她网购的金额，接着停了她的几张信用卡，最后连买什么牌子的化妆品都要干涉。刘姑娘完全无法忍受，两个人便分道扬镳了。

其实，这一段恋情从一开始就不合适。可是，刘姑娘没有什么主见，不够理性地思考两人之间的问题。正如她自己所说："我这人就是没有什么定力，谁对我好，我就跟谁走。"这就注定了她在爱情里的被动盲目，幸福指数不高。

蒋小姐从英国留学回来在北京发展，在一家律师事务所上班。一个人"北漂"了七八年，终于在五环买了一套两居室的房子，还买了一辆高档轿车。唯一让父母念叨的是，33岁的女儿还孑然一身。

她的父母是小学教师，退休后，两位老人最大的心愿就是希望蒋小姐能够早点儿结婚。老两口托亲戚朋友给女儿介绍了很多在北京工作的"海归"、"富二代"、高级白领等，他们有房有车，都是优秀的人才，可蒋小姐就是对这些人不感兴趣。她的爱情宣言就是不将就。

为此，蒋小姐的父母操碎了心。他们还常常发动蒋小姐的朋友劝她别太挑剔。然而，所有人都为蒋小姐着急的时候，她却不着急。她依然坚持跑步、游泳、健身，原来怎样生活，如今一样也不落下。节假日休息时，还常常和朋友们组织攀岩、旅行，不急也不躁。

年前的一次攀岩活动中，蒋小姐认识了新加入的攀岩爱好者何明。一番较量之后，居然不分伯仲，两人互相敬佩的同时也暗生情愫。几次相处下来，他们发现彼此竟然惊人的相似，两人一拍即合，很快就坠入了爱河。

如今，他们时不时就去环球旅行，一起走过了很多地方，看到了很多不一样的风景。时常在朋友圈"秀恩爱"——漫步于爱琴海童话般的伊亚小镇，静静地依偎在白色的石屋下看夕阳；穿过北欧特罗姆瑟小镇，在追逐北极光的驯鹿雪橇上拥吻……几乎世界的每一个角落，都留下了他们浪漫的足迹。

比起蒋小姐，经常被催婚的小董就没有这么幸运了。她刚过完29岁生日，家里人都为她着急上火，催婚堪比催命。眼看周围比自己年龄小的女孩儿都找到了归宿，她也焦虑起来了，信誓旦旦地说："我要赶在30岁生日之前把自己嫁出去！"于是，她踏上了相亲的征程。

经历了无数次相亲的小董，不但没有遇见爱情，反而遇见了无数"奇葩"。无奈的她常常对朋友大吐苦水："女人到了该结婚的年龄依然单身就如同犯了不可饶恕的过错，不仅父母、亲朋在外人面前抬不起头,自己还要顶着周围人质疑的眼光生活,感觉自己的人生好失败啊!"

小董并不是个例,而是所有30岁左右却还不结婚的"大龄剩女"中的一员。30岁,就像一道分水岭,一旦跨过这道分水岭,人生所有的奋斗目标都是成家立业。因此,多少人匆匆忙忙,糊里糊涂就步入了一段不被期待的婚姻。

好的爱情从来不嫌晚,也不是所有的花都必须在春天绽放。如果我们错过了白天的花团锦簇,也可以欣赏深夜悄然绽放的昙花。"昙花一现,只为韦陀。"有些人,有些事,需要时间的沉淀,不必急于一时。在最恰当的时机,遇见对的人,才是最美好的归宿。

相处不累才最重要

微信上收到一位读者朋友发来的消息。她说自己的男朋友情商很低,感觉和他谈恋爱实在太累了。

她说:"男朋友追我的时候,每天给我发无数条消息嘘寒问暖,还时不时送礼物,简直就是完美恋人的化身。没想到,他把我追到手之后,就完全变了一个人,越来越不懂得珍惜我的好。每次吵完架,他也不会主动来哄我,我越来越觉得自己像是在跟一个孩子谈恋爱。单身的时候,看着身边的情侣们秀恩爱,还无比羡慕他们,做梦都想找个对自己百般呵护的男生。可有了男朋友以后,却发现相处起来特别累,还不如单身时过得潇洒快活。"

我问她:"既然这么累,难道就没有考虑过分手?"

她说,其实之前两人也分开过几次,但好歹也谈了这么长时间,感情还是有的。没过多久,男生来找她,她忍不住又跟他和好了。她坦言,在这段恋爱关系中,自己过得很辛苦,明知道和男朋友很难有未来,却又害怕分手后的孤独,所以心里很矛盾。两个人就这么一直互相折磨着,合不来,却也分不开。

宁可守着一段错误的感情，也不愿意回归到单身的状态中去，这就是不少恋人目前的状态。

之前和一位朋友喝早茶，他向我抱怨自己的女朋友是个难以相处的人，经常会因为一点儿小事和他吵上半天。他说，这份爱几乎把他压得喘不过气来，感觉自己就像找了一个负担。

朋友当初痴迷于网络直播，经朋友介绍，认识了现在的主播女朋友。追女朋友那阵子，他每天在直播平台上殷勤地给她留言，还花了不少钱给她刷礼物，只为了引起她的注意。他说每当看到"女神"那迷人的笑容，就觉得自己的一切付出都是值得的。

最后，他终于把"网红"主播追到了手。可一段时间相处下来，他发现女朋友并不如表面看上去那般乖巧，动不动就会对他发脾气，让他感到十分憋屈和压抑。

因为彼此观念不和，两人三天两头就会发生冲突。有一次，两人吵得凶了，朋友直接丢出"分手"两字，女朋友气得把他送的苹果手机直接摔得七零八碎，扭头就走，再也没回来过。

很多时候，两人分手并不是因为不爱了，而是矛盾接二连三地出现，导致两人再也没有办法相处下去。要知道，即便是拥有再多的爱，也很容易被生活中那些琐碎和负面情绪一点一点地消磨掉，最终形同陌路。

经常听身边的人抱怨说，谈恋爱实在太累，要费尽心思地与对方相处，要照顾对方的感受，要包容对方身上一切的不完美，麻烦至极，倒不如自己一个人过得省心自在。

热恋时你侬我侬，对方的一切缺点在自己的眼中都显得可爱迷人。可当两人的感情趋于稳定之后，却发现彼此之间有太多不合适的地方。这时候，能否给予对方理解和包容，与对方融洽地相处，才是决定这段感情能否维系下去的关键。

当你在一段感情中屡屡遭遇挫折，并且感觉很难再继续下去，或许是因为你遇上的并不是一个对的人。你不应该满腹怨念，把这一切问题归咎于爱情本身。

我有一个亲戚，他和太太结婚已20年，日子过得平淡寻常，几乎没有发生过真正意义上的矛盾。他的太太不会洗衣，不会做饭，可他依然包容她。两人吵架的时候，他就跑到外面去买太太爱吃的东西，然后悄悄地放到餐桌上。太太一看，气消了一半，这事儿就算过去了。

在一段感情中，两个人需要磨合，肯定会经历各种"累觉不爱"的时刻。在恋爱和婚姻中提升自身的情商，找到与伴侣之间最合适的相处模式，也不失为人生中重要的一课。

当你意识到这段感情带给你的伤害远远大于快乐，终日让你感到心力交瘁时，劝你还是趁早放手吧！真正心疼你的人绝对不会让你受累，那些让你在感情中饱受委屈的人，并不爱你。

好的感情能让你的心头泛起阵阵暖意，不适合的关系对于双方都是一种无意义的损耗。当你见过太多的聚散离合，经历过太多失望和不被理解的滋味，终会明白：相处不累才最重要。

彼此吸引，又各自独立

▶

　　秦璐和卓飞是"姐弟恋"，秦璐比卓飞大了整整8岁。认识卓飞时，秦璐刚刚结束了一段不幸福的婚姻，正处于人生最灰暗的时刻。她的精神处于极度崩溃的状态，便拉着好朋友去喝酒。正是吃饭的高峰期，饭馆客满，他们只能和卓飞一行人拼桌。

　　闲聊中秦璐发现，卓飞的发小居然和她在同一栋写字楼上班，两家公司还是紧邻的上下楼。而卓飞只是偶然来这个城市出差。

　　秦璐眉眼如画，少女感十足，尽管比卓飞大了8岁，却完全看不出年龄差。那时，秦璐根本不会想到这个比她小8岁的大男孩竟然对她一见钟情，而且还异常执着地追求她。和其他男孩不同，卓飞有着不属于他这个年纪的细腻。这对被伤得千疮百孔的秦璐来说，卓飞无异于是救她于水深火热中的"盖世英雄"。

　　秦璐不会照顾自己。她的第一段婚姻就是因为不会打理生活，一心一意扑在工作上，忽略了老公的感受，才导致婚姻破裂。如今恢复了单身，她更是用工作来疗伤，没日没夜地加班。饿了，就吃一碗泡面应付了事；累了，就趴在办公桌上休息一会儿。自

第六章 忠贞不渝
默然相爱，寂静欢喜

从认识卓飞之后，他便隔三岔五地以出差为由，找各种借口出现在秦璐的家里。卓飞不仅会做菜，还煲得一手好汤，只要卓飞一来，她家的冰箱就会被塞得满满的。日子久了，秦璐觉得自己掏空的心被他的细腻柔情所填满。

秦璐曾一度觉得这样的关系不能再继续维持了，便冲着卓飞发火："你别对我好，我不会对你有回报的。"可卓飞的回答就像他给予的关怀一样温情："对你好是我唯一想做的事，我不求回报，这是我心甘情愿做的。如果有一天你身边出现了能照顾你的人，我会主动离开。"

卓飞不计回报的付出让秦璐既感动又苦恼。尽管理智告诉她，两人之间的差距太大，但他们的心诚实地做出了选择，很自然地在一起了。然而，这对于卓飞的父母而言，无异于平地一声雷，他们异常坚决地持反对态度。

为了能够和喜欢的人在一起，卓飞毅然决然辞去了现有的工作，不顾父母的反对，一心扑向了恋人所在的城市，两个人冲破了异地的壁垒，在一起了。

秦璐是一家投资公司的高管，在工作中独当一面，干练，有魄力，而卓飞毕业2年，只是一家小公司的业务员。为了爱情，卓飞从一座城市奔赴另一座城市，只能重新开始，做着一份只有3000元月薪的工作。

秦璐在工作中不仅要面对各种各样的客户，还有很多不可推拒的应酬。因此，她也经常遭到某些客户的骚扰。刚在一起的时候，秦璐和很多恋爱中的女生一样，乐意把自己的不顺遂讲给男朋友听。一次，她向卓飞抱怨一个猥琐的男人对她轻佻的行为，没想到，年轻气盛的卓飞第二天便找人将对方打进了医院。

再有能力的女人也是需要被呵护的。尽管卓飞在有些方面还不太成熟，但是在生活中，他将秦璐照顾得无微不至。在卓飞的精心呵护下，秦璐那颗伤痕累累的心被治愈了，走出人生低谷后，恢复了那个独立、自信、干练的职场精英形象。

秦璐到了这个年龄，又是经历过婚变的知性女人，对待感情更加理智，不会过分地依恋男人的情爱，更加渴望的反而是彼此之间的信任和拥有独立空间的理性的爱。然而，卓飞特别黏人，过分依赖秦璐，有事儿没事儿经常在秦璐面前出现。有时，秦璐顾不上回应，他还会闹情绪。慢慢地，秦璐身心疲惫，没有一丝可以喘息的空间。忍无可忍的秦璐思虑再三，对他提出了分手。可卓飞坚决不同意，他认为自己为了秦璐和父母断绝往来，已经抛弃了一切，如果连爱情都要被收回，这样太不公平了，所以迟迟不愿放手。有时候，爱情如同手中的一捧沙，抓得越紧，流失得越快。最终，两人渐行渐远，只能黯然收场。

有时候，两个人明明很相爱，却没有走到最后。其实，我们

第六章　忠贞不渝
默然相爱，寂静欢喜

不是败给了时间，也不是输给了琐碎，而是不知道如何相处。在爱情里，大家都忙着做圣人，却忘了彼此都只是凡人。对方常常打着"为你好"的名义，让你做着自己不情愿做的事。我退，你进，我再退，你再进……等到一方退无可退，又不愿意完全臣服，于是画地为牢，亲自把爱情钉在十字架上，从此一别两宽，各自安好。

爱情不是降低自己的要求来获取对方的同情就能长久，最好的相处方式是相互吸引却又各自独立。卑微到尘埃里的爱情，只会失去自我。打破爱情之间的对等关系，丧失平等和尊重的基础，那么，爱情也就失去了最初的甜蜜。

梁思成曾在新婚之夜问妻子林徽因："我只问一次，为什么是我？"

林徽因笑着回答他："答案很长，需要我用一生去回答。"

从此，这个问题便被他们从生活中抹去。为了共同喜欢的事业，他们一路跋山涉水辗转各地测量古建筑，冒着危险从容地做着实地考察的工作。梁思成的文采略逊，每一份文稿都经由林徽因润色。即使在西南地区的那段艰苦岁月中，他们也保持着对彼此的信任和理解，又各自保留着独有的志趣和特质，不离不弃，成就了一段才子佳人的绝美传奇，被无数后人敬仰和缅怀。他们之间既是爱人，又是最亲密的伙伴，共同为我国建筑史留下了最珍贵的第一手资料……

最好的爱情,并不是用放弃、牺牲去感动对方,也不是互相变成对方的附属品,更不是让爱成为彼此的负累。最好的爱情应该是一起进步,携手奋斗,积极地成为更好的人,成就圆满的人生!

留一点儿空白，像不爱那样去爱

▶ 女人很爱男人，为他放弃了出国的机会，为他拒绝了高富帅的追求。每天上班，她都要将自己在公司里的大事小事第一时间告诉他。下班时，她会提前开车到他单位门口，两人一起吃晚饭，然后恋恋不舍地分别。谁都看得出，女人对男人的爱很深，可男人心里却有说不出的苦。

男人总是对朋友说，不在一起的时候会想她，可在一起的时候却又很烦她。"周末我想去打球，她却缠着我陪她逛街；下班想跟哥们儿聚聚，她却非要跟着，不让抽烟，不让喝酒，特别扫兴。"好几次，男人想提出分开一段时间，可话到嘴边又咽回去了，他知道女人对自己是真心的，他也怕错过了这个美好的眼前人。可是，她的爱，实在太沉重了。

两个人虽然还在一起，可明显跟过去不太一样。他变得沉默寡言，冷冷淡淡。她问什么，他只是轻声应和，没表情。可一听说女人要出差几天，他却变得很殷勤。女人怀疑，他是爱上了别人。她没有吵闹，而是转身去找了他们最好的朋友。她知道，如果有什么事，他一定知道。

朋友笑着对她说，是她太多疑。他之所以高兴，是觉得"自由"了。男人需要放养，爱情需要空间，他有自己的交际圈，有自己的"地盘"，你把索要爱情的触角伸向了不该伸的地盘时，他只会觉得你不可理喻。

她似懂非懂。朋友问她，听过两只刺猬的故事吗？她说没有。

一对刺猬在冬季恋爱了，为了取暖，它们紧紧地拥抱在一起。可是，每一次拥抱的时候，它们都把对方扎得很疼，鲜血直流。可即便如此，它们还是不愿意分开。最后，它们几乎流尽了身上所有的血，奄奄一息。临死前，它们发誓："若有下辈子，一定要做人，永远在一起。"

上天被它们的爱感动了，决定成全它们。来生，它们转世做了人，并永远地在一起。它们每天朝夕相处，形影不离，每时每刻都黏在一起，可它们一点儿都不幸福。因为，它们是连体人。

她陷入沉思，半天没有说话。想想他以前过的生活，自由支配自己的时间，做自己喜欢做的事，不用事无巨细都要向她汇报，偶尔喝点小酒，抽点小烟……现在，似乎那些爱好都被剥夺了，而她却从未问过他想要什么，希望她怎么做。或许，她真的需要换一种方式去爱了。

曾有人说过："整天做厮守状的夫妻容易产生敌视与轻视情

绪，毒化婚姻的品质。"再美的东西看久了也会腻，再相爱的两个人也需要适时地保持一点距离。这个距离，不一定是地理上的距离，不是分隔两地，而是彼此之间在心灵上要有一点空隙。

真正的爱是有弹性的，不是强硬地占有，也不是软弱地依附。相爱的人给予对方的最好礼物是自由，两个自由人之间的爱，拥有必要的张力。这种爱，牢固而不板结，缠绵却不黏滞。一个理性的女人，一个懂得维系幸福的女人，永远都能收放自如地去爱。

恋爱4年，结婚7年，雪儿与爱人既像亲人，又像朋友，彼此交心，久处不厌。提及有什么秘诀，她笑着说，要像不爱那样去爱。

不爱，就不会在意他是不是记得你的电话，不会一会儿一个电话地催他，更不会时刻要对方汇报在哪儿，做什么，和谁在一起。如此，就给彼此留出了空间。

不爱，就不会强求他记得自己的生日，送自己礼物。他若记得，自己心生感激；他若忘了，也没有太多的失落和埋怨。如此，情变得比物重，不送礼物也未必代表没有关爱。

不爱，就不会要求他出差时给自己发来甜言蜜语的短信，回来给自己带一份心仪的礼物，生病时巴望他在床头陪着。如此，他就能专心工作，也能体会到自己对他的支持和那份贤惠。只要他平安归来，就觉得比什么都好。

定—力

不爱，就不会整天唠叨，惹得他心烦。如此，他落个清净，你落个清闲；他不会觉得你婆婆妈妈，你能保持温婉宁静的形象。

不爱，就不会把他的事业当成自己的事业，指指点点，抱怨连天。如此，自己少操一份心，少让自己添一条皱纹，其实他要的，也不过就是默默的支持。

不爱，就不会变得神经过敏，在他接到异性电话时刨根问底，把他的往事当成冷嘲热讽的材料，弄得他心烦意乱。他接他的电话，你充耳不闻，视而不见。他若参加有初恋情人出席的聚会，你也会为他精选西装，不让他丢你的脸。如此，你的付出，他全部记在心里；你的大度，让他多一分佩服。有如此开明豁达的女人，他自然也不愿辜负。

不爱，就不会要求他每天回家吃饭，也不会限制他晚上外出，在哥们儿面前弄得没面子，被笑为"妻管严"。越是放得开，他越是愿意回来；越是拴得紧，他反倒想要逃。如此，他的"自由"在兄弟面前会成为炫耀的资本，你的支持会成为他内心最大的感激。

不爱，就不会委屈自己变成他喜欢的样子，也不会为难他变成自己喜欢的样子。如此，两个人保持本色，舒服地活着，谁都不会感到辛苦。

不爱，就不会把婚姻爱情视为一种交换。金钱、权势、地位，在爱情面前都无足轻重，也不会因为别人有而自己没有就抱怨他。如此，爱情永远纯净，没有杂质。

　　在婚姻中，能够坚持用"不爱"的方式去爱，那该是多么聪明、多么懂爱的一个女人啊！不爱，胸襟就宽了；不爱，愤怒就少了；不爱，烦恼就没那么多了；不爱，就不强求了。不爱中自有爱，有相敬如宾，淡淡地相处，有给他自由，给自己宁静，给彼此空间。

　　但愿，每个陷入爱中的人，都不会让爱情成为彼此的紧箍咒，都可以不被爱所累。更希望，每个人都能够为了悠久绵长的幸福，学会像不爱那样去爱。

并驾齐驱的爱情，才能走得长远

▶

　　随着年龄渐长，我们经常听到身边许多的女性发出这样的感叹："唉，谁谁谁又结婚了，嫁了个好男人。""谁谁谁的老公对她可好了，可惜就是穷。""我要嫁就嫁个又帅又多金的，一定要宠着我、疼爱我，不舍得让我吃苦，愿为我努力拼搏……"

　　每次听到这样的话语，我只能怅然一笑。

　　如果女人指望着男人在外打拼挣钱买房买车，又希望他顺着你、宠着你，这些要求现实吗？姑娘们，你们所谓的男女平等这种时候到哪里去了？一个女人只有拥有"面包我自己挣，你只要给我爱情"的态度，才能撑得起自己想要的生活。当她遇到一段爱情，才可以爱得纯粹，爱得底气十足，决不会因为钱爱上一个人，也不会因为钱离开一个人。

　　如果一个女人希望所有的压力都由男人来扛，那么他为你遮挡了外边的风雨，你就需要承受他给你的压力。你既然要他承担更多的责任，自然就别再指望他对你百依百顺。

　　曼曼的姐姐嫁进了在深圳算是数一数二的豪门。从此以后，曼曼的姐姐就过起了豪门娇妻的生活，时常带着曼曼出入各大名牌店。最开始的时候姐姐刷卡买个几万元的包连眼都不眨，可到了后来，曼曼看姐姐逛街的时候常常都无精打采的，有时拿着喜欢的东西，看看又放下。

曼曼怂恿姐姐买，她摇了摇头就放下了。问及为什么，姐姐只是一脸苦涩不说话。其实花别人的钱哪有花自己的钱舒坦？

例如今天购物花了几万元，老公收到刷卡短信，回去后他淡淡地问一句："今天又购物了？"姐姐立马觉得矮了三分，马上解释："嗯，实在很喜欢。"

姐姐说："即使老公对我购物这件事根本不在意，但接下来的好几天自己还是会满心忐忑，生怕他有意无意地再提起这件事，活得战战兢兢，毫无底气可言。"

曼曼的姐姐才初入豪门，这种境况还算是好的。她的邻居阿露结婚后就一直在家相夫教子，过着锦衣玉食的生活。可是丈夫常常几个月都不回家，回家就跟住酒店差不多，完全不顾她的感受。当年的恩恩爱爱和要相互扶持一生的承诺，早已灰飞烟灭。

现在越来越多的姑娘希望用自己作为筹码，去改变今后的人生，她们希望另一半能给自己提供一个良好的经济条件。然而，这个世界是公平的。每个人都应当为自己的未来而奋斗，也应当为自己的家庭和生活而付出，哪怕很微小，但也好过奢望不劳而获且又总提不合理的要求。

婚姻中的对等与尊重从来都是建立在双方自立自强之上的，或许有人会说："我认识的一些人就是嫁了一位好老公，既不用她们赚钱，也不用她们付出，每天拿着老公的钱花，过得那么惬意、自在。"那么我想问，我们又岂知人家实际上过得怎么样呢？如鱼饮水，冷暖自知，幸与不幸其实也只有当事人知道。我们看到的往往只是表面，怎么能够仅凭我们所见到的表象便认定这一切？没有人会愿意把不幸说给别人听，很多时候，看似幸福的人实际上有苦难言，只是我们不知道而已。

所以姑娘们，与其奢望做一个被男人豢养在金屋里的金丝雀，还不如努力让自己长出一双翅膀，在这云谲波诡的世界里自由翱翔。对方对你的尊重与迁就只建立在他对你发自内心的欣赏之上。

理智一些吧，生活毕竟不是童话故事，更不是虚构的电视剧，我们想要的一切一直都在我们自己手中。对等付出的爱情才具有更长的保质期，不切实际地希望别人许我们一个安逸的未来，还不如自己为自己打拼一个天下，两个人只有并驾齐驱，才能举案齐眉。

第七章 界限分明

守住自己的本分，不苛求他人的情分

好的合作关系里，是找盟友而不是交朋友

▶

朋友小峰从刚进大学开始，班上就有个死对头小岚。

说是死对头其实也不完全准确，小岚并没有什么地方得罪小峰，只不过是他得一个钢琴上的奖，小岚就拿一个小提琴的奖；他参加一个英语比赛，小岚就参加一个法语比赛；他毕业后进了一家前途光明的大公司，小岚也进了一家银行。

用小峰的话说就是，小岚这个人的存在，总会让他生出一种"既生瑜，何生亮"的感慨，有些明明可以归他独享的赞誉，因为小岚用同样的优秀一映照，自己的那种兴奋感和骄傲感就少了一半。

对于小峰的这种敌意，小岚明显能感觉到。在学校的时候，虽然两人的宿舍离得很近，几乎不怎么说话，到后来甚至发展到相互之间见面也不打招呼的地步。

毕业之后，本以为不会再有交集，但是小峰转岗时，被分到了公司的融资部做主任，小岚恰好是他们公司合作的一家银行的信贷经理。因为小峰的公司有个项目需要融资，领导知道小峰和

小岚是同一所学校毕业的，同学沟通起来应该更容易些，便将这个项目交给了小峰负责。

小峰当时就欲哭无泪地找我吐槽——他讨厌小岚，一点儿也不想跟小岚合作。我说，没办法，大家都是成年人，你不能因为自己的嫉妒心就影响工作吧。

思虑再三，小峰还是给小岚打了个电话，非常礼貌地陈述了公司项目的情况，并且邀请小岚出来喝茶聊天。小岚委婉地拒绝了小峰的喝茶请求，并从公司的资产负债、现金流、速动比率等各个刁钻的角度向小峰提了很多专业问题。

小峰一边诅咒着小岚，一边又不希望被小岚看不起。为了解答小岚提出的疑问，满足小岚所在单位的要求，小峰重新整理了公司的各项报表，同时写了详尽的财务分析报告和风险应对措施等。整套流程中，小岚时不时会提出各种专业的疑问。每一次小岚发现问题时，小峰就要查漏补缺，重新进行分析调查。到融资材料做完时，小峰发现自己不仅对这个新项目的财务预算情况非常了解，还对整个公司的财务运行状况十分了解、清楚。

有了这样的底气，小峰公司的项目顺利通过了考核答辩。这一次，小峰终于服气地告诉我，小岚在审计方面确实非常专业，如果不是小岚，他也不会在这么短的时间内就找到整理各项融资材料的关键点。经过这次合作，他也明白了，在好的合作状态里，需要的并不是朋友，而是专业技能上的相互匹配和势均力敌的盟友。即便他跟小岚永远不能成为朋友，但如果有机会，他还是会跟小岚继续合作。

很多人在日常生活和工作中，都会有我朋友小峰刚开始出现的那种非黑即白的认知。因为某个人无法和自己成为朋友就放弃所有和对方合作的可能性，这是一种简单粗暴的固化思维。这种认知，类似于我们小时候看电视时总期望能分出"好人""坏人"来，好让我们不假思索就能选择自己的阵营。

这种单方面的自我好恶，在择友的情感判断中或许有用，但绝对不能完全迁移到这个时代的合作中来。

记得前同事夏青在广州上班时，曾很热心地帮她的一个朋友丽丽介绍工作。本来老板一开始并不太想招她的朋友丽丽，但因为夏青平时的业务能力还算不错，本着培训新人的想法，老板就让夏青带着她朋友丽丽先熟悉公司的产品和客户。

没想到的是，丽丽做朋友很热心，但在工作上是个几乎没什么自我要求的人。夏青每次向她介绍公司产品特性和主要客户的采购情况时，丽丽要不一边照镜子一边化妆，要不还没听3分钟就开始跟夏青抱怨："哎呀，这里面需要我记住的东西实在太多了，你知道，我在学校成绩就不好，这么多我怎么记得住啊！"

听完了丽丽的抱怨，夏青只能作罢，收起了想要教丽丽业务知识的心思。但是丽丽也并非全无好处，每次夏青加班晚回家时，丽丽就会主动给夏青留饭留菜，热在保温锅里等夏青回来。她和别的同事出去逛街买了什么好吃的，也会给夏青带一份。

本来两人一直延续这样的模式也没什么，但是丽丽来了之后，老板分配给夏青所在部门的业务量增加了一些。部门的其他成员对丽丽有了一些意见，因为丽丽是夏青带来的，同事们进而也对夏青有了意见。

某一次，部门出差时，本来该丽丽带的一份文件，却因为她前一天玩得太晚，早上出门匆忙忘记拿了。部门的其他成员一气之下告到了老板那里，这一次，老板没有手软，当即开除了丽丽，而夏青所在的部门因为丽丽的重大失误也被扣发了年终奖。面对同事们的责备，夏青特别难过，主动向老板提出了辞职。

在她离开前，老板惋惜地告诉夏青："有时候，可靠的朋友，不一定就是工作上好的合作伙伴。"

这个世界上有很多人，尤其是很多刚毕业的学生，在寻求合作伙伴时，都不是找盟友的思维，而是和夏青一样，倾向于把不熟悉业务也不适合这个岗位的朋友拉进来和自己合作。

其实，倾向于和朋友合作，本来没什么。每个人的潜意识里，都会不自觉地认为熟悉的东西更安全，朋友正是我们情感认知中的熟人，所以我们会下意识地首先考虑和朋友合作。但是，真正对合作关系有着深度理解、心智成熟的人会知道，职业合作的首要考查目标应该是一个人的综合能力，而不是这个人与自己的情感关系。

最好的合作关系，是盟友。只要我们想一想，就能明白这个道理——在有共同利益，或是具备同样能力的群体里找盟友是一个高效而且便捷的方法。想把朋友拉入我们的职业里，或是希冀把朋友培训成一个和我们具备同样能力和爱好的人，是一种情感上的惯性和安全本能带来的思维误区。

事实上，不单是工作，我们身处的这个时代已经越来越趋向于向陌生人社会发展。当下这个时代里，我们和陌生人的合作会越来越多，其中的大部分合作都是基于技能交换而不是情感。就连我们看的电影、电视剧里，也不再只有一个主角，而是越来越倾向于刻画技能各异的代表人物组成的群像。这些主角之间不一定都是朋友，有的也是刚认识，有的彼此之间甚至还是仇人。这些个人情感从来都不会阻碍他们的合作关系，也不会成为他们达成临时联盟的阻碍，最多只能算是一些调剂故事的边角料。

最好的合作关系，不是感情用事，也不是把朋友变成同事，把同事变成朋友，而是就事论事地客观地评价，从而找到能和自己合作的盟友。只有这样，我们才会有把一件事做好的保障，也会得到自我反思的观照。

你的事就是你的事，与别人无关

▶

生活中，很多人都会遇到这样的事：多年不曾联系的朋友突然登门拜访，想请你帮一个他所认为的"小忙"，并通过各种方式一再暗示你，如果你不答应他的请求，就给你贴上道德败坏的标签。但实际上，这位朋友所谓的"小忙"将花费你大量的时间和精力。遇到这样尴尬的事情时，很多人都会左右为难，不知如何是好。

要解决这个难题，其实很简单，那就是果断拒绝。乐于助人固然是好事，可有些人总是拿所谓的"哥们儿""死党""闺密"之情当幌子，对你进行"交情绑架"。他们认为，请你帮忙是把你当朋友，你理应为他们两肋插刀；再者，因为你的能力比他们强，你过得比他们好，他们有求于你也是人之常情。

某公司的副总经理海涛就有过被朋友交情绑架的经历。一天，海涛正在上班，有个陌生人一直加他的微信，他拒绝了多次，但那个人一直反复添加，无奈之下，他只好同意了。

两人成为微信好友之后，陌生人很快就给他发来消息："总算找到你啦！怎么着，现在当了副总经理，就想跟我断交啊。"

海涛浏览了一下陌生人的微信个人资料，才知道对方是他之前公司的一个同事，两人已经有五六年没有联系了。于是他礼貌性地回了一句："哪敢啊，这几年想必你也过得不错吧？"

此时，对方马上发过来一个愁苦的表情，回道："别提了，我这日子简直惨不忍睹啊，所以想找你帮个忙。"

海涛心里嘀咕，自己都和这位朋友好几年没有联系了，还能帮到他什么呢？于是海涛试探着问："你说说看，能帮上的，我尽力而为。"

"以你现在的身份和能力，这事对你来说是小菜一碟。"朋友赞扬海涛，随即说，"我现在跑业务呢，但是苦于没有合适的客户，我听说你手头有很多我需要的客户，能不能给我介绍几个？"

海涛皱起了眉头，别说将自己公司的客户介绍给其他公司的人，即便是同一个公司的同事，也不能轻易介绍。这种抢饭碗的事，任谁也不能纵容。海涛当机立断地说："真不好意思，我的那些客户早就分派给下属了，实在是帮不上你啊。"

对方自然明白海涛的意思，回了句："那好吧，我再找别人问问。"

这件事过去没多久，海涛就在微信朋友圈看到有人在议论他刻薄、冷血。他心中奇怪，自己的人缘向来不错，很少被人非议，怎么会突然就被抹黑了呢？经过多方打听后才知道，原来是找他帮忙的那位朋友在到处说他的坏话，说什么他现在当了副总就忘了那些跟他一起打拼过的人，简直忘恩负义。

海涛的这段经历，值得我们深思。这个社会中，确实有那么一些人，认为别人过得比他好，就理应帮助他。但是这些人为什么不反过来想一想，别人为工作一筹莫展的时候，自己有没有帮过对方？别人为找客户几乎跑断了腿的时候，自己有没有关心过对方？况且别人过得好也是付出了努力和心血的，因此别人并不欠他什么，凭什么必须帮助他？

其实在每个人的一生中，除了亲人之外，几乎没有人有义务对你好或者帮助你。如果你明白了这个道理，以后当你向别人求助而被拒绝时，就应该告诉自己这是很正常的事。

类似的事情也曾在我的身上发生过，我的好友里有几个有过一面之缘的朋友，平时也没有任何的沟通与交流。有一天，其中一位朋友跟我打招呼，出于礼貌，我进行了回复。

闲聊了几句之后，这位朋友说："那次我们聚会的时候，记得你说过你会做图文设计，现在还做吗？"

我说："做呀！"

接着，他就说让我帮他设计一个简单的图书书目。

当我看到他的请求时，第一感觉就是：我和他是朋友吗？应该谈不上,因为我连他的名字和相貌都没什么印象了。我和他确实有过一面之缘,但也仅仅是一面之缘。处于这样一个尴尬的境地,我觉得很为难。不帮忙吧,担心对方会指责自己没有人情味;帮忙吧,设计一个书目并不是那么简单的事,而我手头还有很繁重的工作要做。思索了一会儿,我果断地回绝了他的请求。不久之后,我也遭遇了和海涛一样的尴尬,被这个"朋友"抹黑了。

向人求助时本该怀有一颗感恩之心,可现在很多求助者偏偏忘记了这一点。在这里我想说,你的事就是你的事,与别人无关,当你向别人求助时,别人帮你是情分,不帮你也合情合理。所以,不要主观地认为你的朋友就是天生欠你的,人家的"牛"也是靠自己的努力一步一步奋斗得到的,根本就跟你没关系。

在这个世界上,绝大多数人都没有义务必须帮助你或者必须对你好。当你遇到困难时,如果有人帮助你,请你珍惜,并怀有感恩之心;如果没有人帮助你,也不要抱怨别人。

没有什么事是理所当然的

▶

　　桑毕业了。由于大学时只顾吃喝玩乐，她并没有真正学到什么东西，再加上学校和专业都没有优势，所以一直没有找到合适的工作。

　　退休的父母不想给她压力，就安慰她："没事儿，工作慢慢找，爸妈有退休金，一样可以养你。"

　　于是，桑便心安理得地在家做起了"啃老族"，而且还是个花钱大手大脚的"啃老族"。她每天睡到日上三竿，下午出去逛街、购物，晚上跟朋友出去玩儿，丝毫没有要出去找工作的意思。

　　天天如此，周周如此，月月如此。大半年后，父母终于着急了，开始旁敲侧击地问桑："有没有投递简历，到处看看？"桑敷衍说没有找到合适的。

　　父母便开始帮她找工作，可是她要么嫌工资低，要么怕辛苦不肯去，依然得过且过的样子。面对这种情况，父母不好直说。眼见退休金不够花，父亲便重操旧业，去给一个公司做账，以补贴家用。没想到，公司到了年底要核账，事情非常多，而父亲年纪大了，又连续加班，突发脑血栓，被紧急送往医院。在外地的姐姐得知消息后赶了回来，才知道妹妹一直靠着父母生活。本来，父母的退休金可以勉强供老两口生活，再多一个人，就捉襟见肘了，可年迈的父亲心疼女儿，只得重操旧业。

看着躺在床上昏迷不醒的父亲和在床边无声哭泣的母亲，再看着着急的姐姐为了生病的父亲忙前忙后，桑羞愧不已。

父亲虽然捡回了一条命，但从此半身不遂。姐姐拉着桑，来到父亲床前，指着父亲对她说："现在你还觉得待在家不工作是理所应当的吗？"桑失声痛哭，答应姐姐明天就去找工作，再也不挑三拣四了。

芊芊对新同事小里印象很好，听说小里刚来北京，还没找到住处，便介绍她到姐姐家借住。小里来自贵州，人长得漂亮，也很会说话，芊芊和芊芊姐姐都非常喜欢她。但自从小里住到芊芊姐姐家之后，就"原形毕露"了。小里俨然是住进了宾馆，睡衣不带，洗漱用品不带，被子不叠，床上乱得像个狗窝，满地都是梳头时掉落的长头发，还毫不客气地用芊芊姐姐的所有洗漱用品和美容用品，就连睡衣也是跟芊芊姐姐借的。

芊芊姐姐觉得小里一个人在北京也不容易，每次都留她在家里吃饭。小里客气了一次后，就觉得理所应当了。每次吃完饭，把碗一撂就走人。到了单位，还当着领导和芊芊的面埋怨芊芊姐姐做的饭不好吃。

由于是芊芊介绍的，芊芊姐姐不好意思发作。一个月之后，芊芊姐姐实在忍不住了，将小里的所作所为原原本本地都告诉了芊芊，还说，自从她住进来之后，什么东西都没买过，而且一点儿也没有要走的意思。

不得已，芊芊只好问小里："一个多月了，找到房子了吗？"没想到，小里脸色突然变了。

芊芊姐姐终于忍无可忍，找了个理由，将小里请出了家门。之后，芊芊和芊芊姐姐都成了小里的仇人，她在单位见了芊芊视若无睹，在街上遇到芊芊姐姐也低头绕着走。

小里生气，是因为她错把别人的好意当成了理所应当。这世界上，从来就没有无缘无故的爱，也没有无缘无故的恨。没有谁应该怎样，没有谁是欠你的。就算是你的亲生父母，也只有将你抚养成人的义务，没有养活你一辈子的责任，更何况其他人。

权利和义务永远都是对等的，你想享受什么样的权利，必定要承担什么样的义务。

小时候，父母对你的好是义务，等你长大后，你的义务便是对他们好。别人不帮你，是本分；帮了你，是情分。别人对你好，你要懂得感恩，并尽量予以回报。

学会拒绝，可以让自己变得更珍贵

▶

　　有一位叫孙冲的大一男生，长得高高壮壮的，性格憨厚，待人和善。因为太好说话了，所以大家平时有什么事，都会第一时间想到找他帮忙。孙冲也是有求必应，从来不拒绝，总是乐呵呵地满口答应。

　　同寝室的舍友爱睡懒觉，经常让他帮忙到食堂带饭回宿舍。据他说，最高的一次纪录，是同时帮七个舍友带午饭。有一天早晨下暴雨，班里的很多同学不想上课，就拜托他帮忙"报到"。因为有男生也有女生，所以很快就被英语老师发现了。他不仅被狠狠地批评了一顿，还被罚站了一节课，后来就越来越抵触英语老师和英语课。期末考试时，由于英语挂科，他便与奖学金失之交臂。

　　即使这样，他也从来没有抱怨过，仍然保持着这副好脾气。久而久之，大家也都习惯了享受他的付出，对他呼来喝去，只在有需要的时候，才会象征性地对他说几句客套话。

　　大一下半学期，学校组织露营。露营地比较偏远，下了大巴

第七章　界限分明

守住自己的本分，不苛求他人的情分

还要步行一段崎岖不平的山路。虽然帐篷是到了地方再去营地租用，但是山里温差大，大家带的东西特别多，很多男生都吃不消，更别说女生了。因此，就有好几个女生请孙冲帮忙提东西。

孙冲的同桌陆铭见状，就悄悄提醒孙冲不要逞强，已经带了那么多东西了，不能再答应别人了，要学会拒绝。没想到孙冲还是一副老好人的样子，笑眯眯地随手接过一个女生的行李。那个女生一直说："非常感谢你。"但到了露营地，连一瓶水也没递给他。后来，陆铭生气地质问他："明明已经很累了，为什么还要答应别人不合理的请求？你看，好心没好报，最后连瓶水也没喝到！"

孙冲有些落寞地望向远处，低声说："我长得不好看，又没有什么特长，只是力气比别人大些。大家看得起我才找我帮忙，我怎么好意思拒绝，否则，别人更不会把我当回事儿了！"

这番话直接把陆铭气乐了："正是因为你太好说话了，别人有事找你，你就答应，人家在意你才怪。你只有学会了拒绝，才能让自己变得更珍贵！"

在我们身边有很多这样的人，他们渴望被尊重，渴望得到他人的认同。因此，对别人提出的任何要求第一反应就是讨好别人，迎合别人。他们天真地以为，只要自己付出得足够多，就可以获得对方的友谊。相反，你越是没有原则，一味迎合别人，你在这个集体里的存在感就越低,甚至可有可无。太容易得到的,容易被人忽略,往往不那么珍惜。所以,要学会树立原则,适当拒绝不合理的要求,这样才能让大家关注你,听到你的心声,而不是做一个应声虫,随时被人忽略和抛弃。

一段良好的关系,通常是建立在平等的基础之上的,彼此之间进行良性的互动,而不是为获得好人缘无底线地帮助别人。靠利益交换获得的关系,往往不是真正的友情,而是互相利用的人脉。

小郑是一家国有企业的打磨工。来自农村的他没有什么文化,他是通过劳务输出招进来的派遣工。所以,小郑工作特别卖力,他最大的愿望就是转正,能够成为一名正式工。

为了早日实现这个目标,小郑对同事特别好,简直有求必应。不管谁找他借钱,都会尽自己最大的努力,满足他们的要求。刚开始,大家都觉得这个小伙子善良,也很实在。后来,一个爱赌博的工友,居然也找他借钱。

当时,带他的师傅好心地提醒小郑:"不要借钱给他,这个人好赌,到时没钱还你,可就竹篮打水一场空了。"

结果,小郑还是把钱借给了那个工友。不管是爱面子也好,还是刻意讨好也罢。总之,那个工友并没有按期把借的钱还上,小郑还慷慨地表示不用还了。原因是那个工友承诺,自己有个亲戚在人资处，可以帮他如愿转正。后来，工友还多次借钱不还，"转正"的事也不了了之。

身边的工友听说了这件事，都觉得小郑缺心眼，慢慢地就不怎么在意他了。大家习惯了有事找他，没事就对其置之不理的状态，借他钱不还也成了常事。久而久之，小郑在工友圈里成了可有可无的透明人。

师傅临近退休，推荐小郑接替他班长的位置。人资处来调查时，很多工友表示，小郑虽然工作出色，但是在识人方面没有原则，恐怕难当大任。于是，大好的机会就这样白白错过了。

如果小郑平时及时拒绝工友的不合理要求，这次提干的事情也会顺理成章，水到渠成。正是因为他一直没有原则地迎合他人，才让所有的努力都泡了汤。学会拒绝，不仅可以让自己变得更珍贵，还能在大是大非面前，及时让大家看到你的优点。守住你的底线，坚持你的原则，才能赢得真正的尊重和认同。

定力

不打扰,是人生最高级的修养

在某家书店的阅读室内,人们正在安静地看书。突然几个孩子跑了进来,开始追逐打闹,接连不断地制造噪声。这种不文明的行径,立刻引起了大家的不满。有人出声制止无果后,便请工作人员来劝阻,好说歹说,这些孩子终于安静下来了。然而,工作人员刚离开,这些孩子故技重演,嬉闹的声音也越来越大。

这时,旁边一位老人怒不可遏,腾地站起来,一巴掌将手中的报纸甩到桌子上,大声斥责道:"这都是谁家的孩子,大人也不来管管,太没有教养了!"突如其来的呵斥声,吓得旁边正在看书的人一激灵。

几个孩子依然我行我素。老人见呵斥不奏效,便粗暴地将几个孩子撵了出去,书店里终于恢复了安静。只是,这位老人还是不解气,絮絮叨叨地对旁边的人发泄不满:"什么样的家长,教出什么样的孩子。这种没教养、没素质的孩子,家长肯定也不怎么样……"

书店里很安静,老人的嗓门显得格外的高亢响亮,屋顶嗡嗡作响。很多人反感地起身,纷纷离开了书店。那位愤愤不平的老人似乎浑然未觉,转而抱怨管理人员的失职,批评如今的孩子一代不如一代……

诚然,不管任何时候、任何人在公共场合打扰到别人,都是不礼貌和有失涵养的行为。纵然几个孩子有错,家长和管理人员也存在失职,但老人的做法也不太对,尽管他的出发点是好的。

某视频媒体播报了某地铁上的暖心一幕:正值下班高峰期,地铁上的人很多,一位抱着孩子的年轻妈妈刚上车,就立刻有人给她让座。这位妈妈在表示感谢后坐下来,随手从包里掏出一个干净的塑料袋,套在睡着的孩子的鞋上,并用一只手小心翼翼地护着孩子的双脚,以防碰到旁边的乘客。中途,年轻的妈妈换了几次手,始终保持着护脚的动作。车上异常拥挤,但似乎所有人又都很有秩序。车门一开一合,也没有出现以往因推搡而争吵得面红耳赤的人。每个经过这位年轻妈妈旁边的人,都会有意无意地放慢动作,小心地避开她和她的孩子。

看到这一幕,我突然想到网上的热议话题——如何才能成为一个高级的人?其实,高级并不是用金钱、地位、权势来衡量的,而是指不卑不亢,落落大方,多为他人考虑的内在品质。一个人能够做到尊重别人,在小事上推己及人,多为他人考虑,无论身份是否普通,衣着是否朴素,处于何种境地,都能够从容地做自己该做的事情,这便是一种由内而外散发出来的从容优雅的高贵修养。

在一次出差返程的火车上,我遇到一位聊得来的朋友。他说自己能有今天的成就,得益于早年一位特别好的朋友的资助,这个朋友也是他一生的贵人。

当年,他做生意需要一大笔钱,找了很多亲戚都没有筹到一分钱。万般无奈,他找到了当年的好友。好友二话不说,没几天就转给了他一笔钱。

等到他的生意有了起色,第一时间把借的钱亲手交还好友时,才得知他找好友借钱时,好友刚买了房子,身无分文,但看到多年的好兄弟走投无路来求助自己,就把自己刚买的唯一的一套房子抵押了出去,才为他筹得了人生的第一笔启动资金。只是,当年抵押的那套房再也拿不回来了。后来,他赠送给好友一套豪华别墅,但好友严肃地拒绝了他的心意,并且告诉他,如今自己的日子还过得去,不能接受他的馈赠。

后来,他偶然得知那位好友遇到了困难,亲自找到好友后,给了对方一张空白支票,让其随意填写。令他万万没想到的是,那位好友只填写了当下所需要的真实数目,并诚恳地说:"我目前的困难就是这些。你能主动给我提供帮助,已经够有情义了。虽然你现在不差钱,但我们毕竟都有各自的生活,我不能再给你添麻烦了。"

有幸交到这样的朋友，是我们人生中最珍贵的财富。心怀坦荡，不卑不亢，不会因为施恩别人就要挟别人知恩图报，更不会因为自己落难就要求朋友倾囊相助。

不管是友情还是爱情，很多时候，我们不联系，不代表不想念，而是不愿打扰。每个人都有各自的生活，当爱情出现的时候，要抓住机会；一旦错失，而各自又有新的归宿，你要做的就是默默离开，不打扰。

有这样一个故事。

年少时，他是从上海插队到牧区的知青。在那里，他结识了喜欢的姑娘，并互许了终身。就在他们订好日子准备结婚的时候，他接到了远在上海的老母亲发来的病危通知。于是，他匆匆回了城。他想等安顿好一切后就回去娶她。然而，回城没过多久，他就赶上全国恢复高考的政策。他给她发了一封电报，大意是自己要参加高考，晚个一年半载再回牧区接她，一定要等着他。

倔强的姑娘误以为他回城后变了心，才找了一个参加高考的理由来搪塞她。等他料理完母亲的后事，拿着录取通知书兴冲冲地回牧区找她时，却发现她早已嫁作人妇。

随后的几天里，他向村子里相熟的人打听她的消息，得知她的丈夫对她很好，他还偷偷观察了几天，发现她脸上无时无刻不洋溢着幸福的笑容。他黯然离开，没有打扰她平静而幸福的生活。

后来，他当了大学老师，30年来独身未娶。每一年，他都会回到当年的牧区去偷偷看望她。直到30年后，她的丈夫离世，他才和她见面，消除了误会，倾诉了爱意，两人重新走到了一起。

听过这段故事的人，都"怪"他太君子。当年他就应该解释清楚，不然也不会苦等了30年。他解释道，因为太爱了，所以不想让她进退两难。既然一切都已经尘埃落定，那么他唯一能做的就是远远地守候着，不纠缠、不打扰。

人生不易，每个人都有自己的不得已。不是所有的事情都需要争个高低。很多时候，我们不需要辩解，不需要讨好，做自己就好。不管别人如何看待，不打扰别人，不卑不亢，从容淡定，这就是人生最高级的样子。

不要因为害怕寂寞，而选择合群

▶ 个体心理学创始人、《自卑与超越》的作者阿德勒有一个观点：人类的所有烦恼都来自人际关系。

回想我们从小到大的生活，是不是只要一提起"烦恼"这个词，就有许多让你不能平静的画面和心寒的感觉涌上心头？

小时候，看着别人成群结队地玩闹，而自己只能坐在窗边默默地做试卷；上大学时，一到晚上别人就会相约出去撸串，或者去酒吧消遣，那些脸上洋溢的微笑诠释了什么叫青春，而自己好像总是形单影只；工作后，别人有着丰富的生活，而自己每天忙着加班。

当我们的人际关系不那么尽如人意时，我们陷入迷茫，甚至怀疑自己的人生是不是走上了岔道。看着其他人活得热热闹闹，而我们只能专注于自己的工作、生活，只能活在自己的小世界里，感觉自己似乎被这个世界遗忘了。

很多人认为朋友多了路好走，只有和他人的交往越来越密切、认识的人越来越多，我们才能够获得成功。不可否认，擅长社交是一个人终身受用的优势。但是，如果自己不够优秀，没有一定的价值，你认识的人再多，加入的社群再多，天天陪人推杯换盏，也换不来你想要的一切。

你的价值越大，帮你的人才会越多。与其把时间花在认识更多的人上，不如把时间花在提高自己的个人价值上。决不能因为过于注重人际关系的拓展而忽略了其他的成功因素，比如自身的能力、做事的态度、内心的执着、与他人的合作以及自身的修养等。

有的时候，我们以为自己合群，耗费了大量的时间维持与他人之间的关系，表面上有许多朋友，而实际上这些不切实际的交往并没有给我们带来多少帮助，只是在浪费我们有限的时间。

茹茹从大一开始写作，在那段时间，她每天除了上课便是在宿舍写稿子，而同班同学要么在宿舍里聊聊班内的八卦，要么一起出去逛街、打游戏。4年后大学毕业，茹茹已经出版了好几本书，在学生时代便攒下了一笔数目不小的稿费，毕业时就以新锐作家的身份接受了几家媒体的专访。

大学毕业，大家都在忙着找工作，茹茹已经接到了国内某一档栏目邀约，而且待遇不菲。

大学时茹茹的人际关系很简单，与谁都能说得上话，却没有像其他人那样与谁都打得一片火热。她只是在该努力的时候清醒地知道自己该在这个时间段做什么事，没有将时间浪费在一些毫无意义的事情上而已。

有一位心理学家说得好，他说人都是怕寂寞的，于是很多人都选择了合群。例如一间4个人的宿舍，假如3个人决定赌博，而另一个人说要学习，那么他就是不合群的；假如3个人决定逃课去喝酒，而另一个人不去，也是不合群的。当"合群"代表的是这些情况时，那么合群也就意味着我们其实正变得平庸，变得离优秀越来越远。

不理智的情况有很多种，冲动、过激、盲目、自以为是，甚至分不清现实与虚无，无法清晰地明白自己的立场。随波逐流，有时也是一种不理智的行为。

如果一群人的狂欢是以自己的未来作代价，那么这种狂欢不要也罢。倘若我们所认定的合群是共同努力、携手奋进，就像合伙人一样努力为同一个目标而打拼，那才是一种值得追捧的合群。

在现实生活中我们常常遇到这样的状况：一些品德高尚、做事一丝不苟的大人物，他们在选择自己的合作对象时，往往都是独具慧眼的。一些大企业在任用贤能时，哪怕某个人和总裁关系再好，可最后能出任首席执行官的人仍然是那些有能力、有魄力的人。

我们经常陷入一个误区，以为人际关系好便能搞定一切，其实忽略了另一件事——实力才是这世上最有话语权的东西。

　　人们在寻求合作伙伴的时候，最先考虑的合作对象，要么是最强的，要么是最能给自己带来利益的。所谓的搞好人际关系不过是一些无关紧要的因素。人际关系有时会影响我们的成功，却绝不是决定性因素，决定性因素是我们的努力及实力。

　　当我们通过自己的能力获得自己想要的一切之后，才会发现我们当初挖空心思去讨好别人，去追求热闹与合群只是在浪费时间。能让我们随意选择自己想要的生活，而不是被生活所选择的人，恰恰是我们自己。

　　现实世界是残酷的，你要明白我们的朋友圈中的"好友"，许多时候其实都是基于"价值交换"而被连接到一起的。既然如此，那么你能得到多少，其实取决于你能给别人带来多少价值。

　　理智一些吧，当我们有一天被别人仰望的时候，我们会发现当初忍受的那些寂寞和失落是多么正确的选择。而那些大学时一到晚上就相约出去吃烧烤的同学，如今也奔赴各地，在各自的工作岗位上埋头追赶。那时我们便可以告诉自己，过去大家曾是同一个层次的人，而现在却因理智变得不同。

第八章 不惧将来

时间和我都在往前走

岁月静好离不开砥砺前行

▸

　　好友芦溪跟我讲过她的故事。她出身贫寒，家中有3个孩子，她排行老二。上面有姐姐，下面有弟弟，她是最不受欢迎的那个中间层。父亲经常说，本来以为第二个孩子能是个儿子，没想到还是个丫头，要不然，何至于要养3个孩子。芦溪长得又黑又小，不像姐姐和弟弟那样遗传了父亲清秀的相貌，所以自小被父亲嫌弃，被姐姐呼来喝去，还被弟弟欺负。就连亲戚、邻居都莫名地嫌弃她，从来不给她笑脸。

　　她经常安静地躲在角落里，羡慕地看着姐姐和弟弟，觉得自己是个多余的人。唯有母亲更偏爱她一些，别人派给她的家务活，母亲都会偷偷地接过去，帮她做好。

　　她小时候很喜欢看书、写日记。虽然书经常会被姐姐拿走，日记会被弟弟抢去偷看，但是母亲一直鼓励她，攒钱给她买书，给她空出写日记的时间。

　　上学后，她终于找到了自己的价值所在，因为她的成绩永远是全班第一名，姐姐和弟弟怎么追也追不上。

也是因为成绩好,父亲对她的态度有了改观,因为每次去开家长会,都有一大帮家长围着他,向他讨教教育孩子的秘诀,他觉得脸上有光。他每次都慷慨激昂地向家长们介绍经验,介绍自己是如何督促她学习,又如何指导她写作业的。每当看到父亲口若悬河的样子,芦溪就备受鼓舞,自此以后也更加努力。因为她发现,只要自己变得优秀了,就可以赢得父亲的喜欢。

后来,姐弟三人中,只有她考上了大学。姐姐因为早恋被迫辍学,弟弟则因为不爱学习早早就辍学打工去了。本来毫不起眼的一个家庭,因为出了个大学生而闻名乡里。她在家中的地位从此大变,就连一向对她冷眼相待的亲戚也一个个全变了脸色,一副"与有荣焉"的样子,见了她就不停地恭维:"我就说嘛,一看就是能成大事的人。"

回想起过去,芦溪低头直笑:"有时候,家人也会显出势利的一面。只有自己强大,才是硬道理,否则,我永远只是个'小豆芽',连自己的家人都嫌弃。"

阿勇在接手家族企业之前,不仅天天花天酒地,而且特爱吹牛显摆。

阿勇家里颇有些资产,父母经营着一家小企业,他也很有纨绔子弟的作风,总爱拿父母的钱到处请人吃喝玩乐,在朋友中以仗义著称。当然,也有很多人看不惯他。

后来，家道中落，阿勇父母的企业开始走下坡路，阿勇却浑然不知，依旧我行我素。每次喝完酒，他就跟别人炫耀自己认识一些"大人物"。

有一次，他又在饭局上跟一众朋友吹嘘自己认识某某，刚好，那个人就坐在旁边一桌。朋友们就怂恿他："如果你真认识某某，何不给大家引荐一下。"

阿勇趁着酒劲儿，果真端着酒杯走了过去，但他还没走到那个人身边，就被一个助理模样的人拦下了。无论他怎么解释，助理都不肯让他过去。

后来，阿勇的吵闹声引起了那个人的注意。没想到，阿勇父母正好欠那个人钱，他就对阿勇好一顿冷嘲热讽。阿勇这才知道，父母的厂子早就是个空架子了，不由得羞愧难当。

后来，熟悉阿勇的人都听说了这件事，就逐渐疏远了他。他痛定思痛，发誓要替家里人争口气。他接手了父母的企业，开始从生产一线做起。凭借着能吃苦、敢闯荡、好交际的个性，他什么都干，跑订单、抓生产、促管理，3年的卧薪尝胆，竟然让家族企业起死回生。他再也不是当年的阿勇了。那些曾经耻笑过他的人闻风而动，纷纷前来拜访他，其中也包括那些当年羞辱过他的人。

回忆起过去，他说："虽然很多人曾在我落难的时候落井下石，但我不怨恨他们。人生就是这样，当你什么也不是的时候，谁也不认识你。经常把一些所谓的'大人物'挂在嘴边，无非是虚荣心在作祟。只有当你真正强大起来，你才会被大家所接受。在你变得强大之前，还是少说话吧。你认识那些'大人物'又有什么用？自己不强大，认识谁也没用！只有真正付出努力，你才能脱胎换骨。"

每个成功者都有一部属于自己的奋斗史，每一篇每一章都向世人昭示着一个道理：要想获得别人的认可，自己必须强大起来。

当你变得强大起来，全世界都会为你让路。人生旅途中，大家都在忙着认识各种人，以为这样能让生命变得更丰富多彩，但最有价值的遇见，是在某一瞬间重新遇见了自己。那一刻，你才会懂得，所有的探索不过是为了找到一条回归内心的路。

不要抱怨工作不好，不要抱怨别人看不起你，除了你自己，谁都帮不了你，只有你才能拯救自己。只有你强大起来，才能堵住悠悠众口；只要你强大起来，就会成为自己的品牌。

定力

你想要的，岁月都会给你

▸

去一个久未造访的饭店吃饭，却没有看到我最熟悉的欧阳店长。向服务员问起她的近况，才知道她被调到总部去了。

一起吃饭的好友感慨不已："早看出来她与旁人不同，调走是迟早的事儿。"

多年前，我到那个饭店吃饭，第一次见到她时，她还只是店里的一个服务员，身材瘦小，长相一般，普通话也说不好，带有浓重的湖南口音。在一众长相靓丽的服务员中间，她一点儿也不起眼。所以，她不能负责包间，只能在大厅里。但她从不懈怠，脸上永远挂着灿烂的笑容。她服务周到，时刻留意着客人的需求，让人宾至如归。遇到客人刁难、指责时，她也从不推诿，每次都圆满解决问题。

等到我们第二次去那里吃饭的时候，发现欧阳已经开始负责包间了，而且是能容纳30人的大包间。凡有客人来用餐，她都会露出灿烂的笑容，热情地接待大家。她的普通话虽然仍不标准，但这句及时的开场白总让人觉得非常温暖："今天很荣幸为大家提供服务，用餐过程中有任何问题都可以找我。"

我们夸赞饭店的服务很到位，也一直以为那些礼貌用语是经过饭店统一培训的。后来才知道，那是她独创的服务内容。

有一段时间，我们常去那里吃饭，便跟她熟识起来，知道她高中辍学之后就出来打工养家，还要供两个弟弟上学。每次吃完饭，饭店会请顾客写点意见或建议，我们每次都会为欧阳写下一大段赞美的话。

后来，我们每次去，欧阳都有不一样的身份，从包间服务员，到几个包间的管事，到领班，到店长，再后来，就很少见到她了。据说她已经转到后台，负责服务员的培训。这次，她被直接调到总部。

只凭借学历、长相和身高，欧阳是绝对不可能提升那么快的，但是她成功实现了"逆袭"。

记得有一次，我的一个朋友问她："你难道要做一辈子服务员？"她报以真诚的一笑："只要你肯努力，老天爷就会把你想要的给你——我妈说的。"当时，我们还觉得她略显天真，现在看来，上天真的不会辜负任何一个努力的人。

朋友小薇曾经给我讲过她的故事。小薇很漂亮，也很有野心，她信奉张爱玲的那句话："出名要趁早。"所以，她从小就为之努力。

上学期间，除了功课门门优秀，她还学跳舞、唱歌，尽显才华。大学毕业后，她在招聘会上很受用人单位的欢迎。在几家公司之间，她选择了一家薪水最高的小型外贸公司。

初出茅庐的小薇很卖力，做事风风火火，每天最早一个到公司，最晚一个离开公司，一心想通过自己的努力获得更高的职位和更多的薪水。但老总却心怀鬼胎，一直垂涎小薇的美貌，先是给小薇各种表现的机会，让她觉得很受重用，接着用各种理由让小薇加班，说些暧昧的话，想趁机占便宜。

小薇刚开始不明就里，还很奇怪身边的同事为何总是阴阳怪气。后来，她终于识破了老总的用心，但为了升职、加薪，她敢怒不敢言。虽然每次都能巧妙地避开老总的"咸猪手"，但是她依然因此苦恼不已。

一次，老总说要带她去陪客户吃饭，她不好意思拒绝，只好硬着头皮前往。到了饭店她才发现，根本没有什么客人，只有自己和老总两个人。老总讪笑着解释说客人临时取消了约会，然后递给她两把钥匙，一把是车钥匙，一把是别墅的钥匙。老总跟她摊牌，说只要跟了他，以后不但不用上班，每个月还有2万块的生活费，每年年底另有大红包。

感觉受到羞辱的小薇忍无可忍，一把端起桌子上的茶杯，把茶水泼到了老总脸上，然后愤怒地扭头离开。虽然老总允诺给她的物质条件很诱人，但是要强的小薇知道，一定要用自己的努力去获得这些东西，而不是用自己的青春和肉体去换得。

第二天，小薇到公司办理了离职手续，随后又凭借自身的优势成功在一家大公司入职。5年之后，小薇荣升大公司的部门主管，薪水是之前的2倍。虽然还在为自己的理想打拼，但是她对未来充满希望，更重要的是，没有人骚扰她了。

小薇说，感谢过去的自己没有被物质条件所迷惑。你想要的，岁月都会给你，只要你肯努力。

去年，大学刚毕业的雨珊失恋了。她整日以泪洗面，痛不欲生，甚至开始暴饮暴食，使得本来就臃肿的身材更加走形。工作找好了，她也懒得去，每天把自己关在房间里，除了出来拿一下外卖，几乎不出房门。

室友无奈，就偷偷告诉了她的母亲。她母亲听完后，火急火燎地从老家赶到了北京。母亲一进屋便看到了憔悴的女儿，顿时心疼不已。她把雨珊硬拽到镜子前，让她好好看看自己，并问她："如果你是你的前男友，你会爱上镜子里的这个女孩吗？"

雨珊诧异母亲的到来，漫不经心地抬起头，猛然看到了镜子中的自己：体态臃肿如中年妇女，眼神涣散。她大为震惊，扑进母亲的怀里失声痛哭。

她的母亲是一名老师，举了很多名人的例子来激励她，给她做心理疏导，并告诉她，走出失恋的最好方法就是让自己变美变强。

母亲的一番话激发了她的斗志。在母亲的帮助和照顾下，雨珊像变了个人似的，开始拼命地健身减肥，努力工作。业余时间，她读书、看电影，跟朋友聚会，生活慢慢变得丰富多彩起来。

不到半年时间，雨珊就脱胎换骨了，身材变得很苗条，人也自信开朗多了，追她的人也排成了长队。不过，她从来不为所动。由于工作出色，她被派到上海总部去学习。在那里，她邂逅了一个来中国工作的美国男生。

之后的故事当然如我们所料，那个美国男生对她展开猛烈追求，并为了她来到北京发展，两个人也迅速进入热恋状态。

越是年轻，越是脆弱，越容易被外界所干扰。读书时，我们总担心考不了高分，考不上好的大学；毕业后，又担心找不到合适的工作，拿不到理想的薪水；失恋后，又觉得失去了世界上自己最爱的那个人，以后再也遇不到真爱了。

人的一生，难免会遇到很多挫折，只要扛过去了，你就能浴火重生。每经历一次挫折，你就能学到很多经验，这些经验会为你的成功增加足够的筹码。

在这个过程中，我们要对自己做好心理疏导，时常激励自己："你想要的，岁月都会给你，关键是你能真的全力以赴。"

如果你只是躲在父母的臂弯里，不肯走出来；如果你只是躺在黑暗的角落里，不肯走出阴影；如果你只是沉迷在游戏的世界里，不肯面对现实；如果你只是整天发牢骚，而不肯埋头去做眼前的事。那么，对不起，你蹉跎了岁月。

当你认清自己的方向，不再辜负时光，一直朝着目标而努力时，那么恭喜你，你想要的，岁月都会给你。

只要坚持，梦想之花终将绽放

▶

几年前，你买了一株曼珠沙华的根，带着神圣的心情，你将其埋在花盆里。你用了整整一年等待它发芽，那个过程很漫长，至今你仍记忆犹新。其间你更不止一次将其从土里挖出来，想看看它是否还安然无恙。

见它很长时间没有反应，有时你会希望它腐烂掉，这样就能腾出花盆，好让你种上别的植物。然而每一次你挖出它的时候，都震惊于它顽强的生命力。看着它饱满并蓄势破土的样子，你又舍不得，再一次将它细心掩埋。

你认真浇水，仔细养护。终于，在第二年春天某个普通的日子里，你打理花圃的时候看到它绿意盎然、犹如韭菜叶子般的嫩芽。你欣喜若狂，继续浇水，依旧守望。

三年后，它第一次绽放了。它红得妖娆，红得让你觉得人生充满希望。

自从养活了这株曼珠沙华，你渐渐悟出一个道理，你觉得人生就像种花，你永远都预料不到今天埋下的种子会在未来的哪一天生根发芽，又在哪一天开花结果。因为有些种子发芽快，7天便能破土而出，当季便能开花；有些则需要月余破土，来年绽放；而那些成长期特别长的，则有可能需要一两年才能发芽，开花更是需要很多年。

可以确定的是，现在的所有努力都会在未来的某一天生根发芽、开花散叶。

花都如此，何况梦想！可是养花容易，坚持梦想太难。在凡俗缠身的背负中，我们可以任由一只好看的花盆一直空着，却不能容忍多年的付出得不到回报。我们总觉得社会太过现实，人心太过冷漠，每个人都只看最后的结果，却没有人关注过程的艰辛。

正因为如此，我们总觉得事情顺遂是应该的，不顺遂就是自己命不好，就是命运和自己开玩笑，总觉得一件事情只要做了就应该有完美的结局，觉得自己一点点的付出就应该立刻换来完美的结果。然而世事哪有那么容易？哪有什么轻轻松松的成功？

其实所有的这些，都不过是我们为懒惰所找的借口罢了。我们怕付出，更怕付出之后没有回报，于是自我催眠：这个社会是不公平的，所有人都只看结果，谁会看你奋斗过程的艰辛啊？如果你这样想，那么干脆缴械投降坐看别人的结果，每天愤怒斥责社会不公算了。

当你悄悄把梦想埋葬，永远不再对人提起，当你每一次听到别人谈梦想,都只能敏感地来一句"梦想?真是搞笑,这是一个看钱的社会,傻子才追求梦想呢"来掩饰内心的虚弱。你忘了你曾经也是一个追风少年,在追求梦想的道路上也曾一路狂奔,而现在你只能望着过往唉声叹气,说着言不由衷的话语来麻醉自己。

而现在每当你看见别人实现了梦想,只能酸不溜秋装作若无其事地来一句"他嘛,家庭条件好,人家有条件追求梦想",或者"他比较聪明,运气又好,成功只是时间问题"。你虽然说得轻松,可语气中依旧透着不甘。然而真的是你说的那样吗?他们只是因为家庭条件好才实现了梦想的吗?是因为社会给了机会他才成功的吗?细细回味,倾听自己内心的声音,你不得不承认,别人实现了梦想而你没有,只不过是因为别人比你更努力,比你更坚持,除此之外再没有别的理由。

你败在了自己手中却找不到复仇的对象,只能把怨气发泄在外界的客观条件上。你虽不承认失败,却早已败得一塌糊涂。

说来也是不该,我们既不是少爷也不是公主,却在最应该付出的时候选择了转身离去,在最应该坚持下去的黑暗时刻选择了抽身叫疼。我们欠缺等待花开的耐心和勇气,低估了实现梦想所需要的漫长努力。那努力默默无闻,那泪水咸得发苦,可是只要你坚持,你的内心就是笃定喜乐的,你会为自己的执着和一针一线、一笔一画勾勒出来的蓝图心安。静下心来,你就会懂得,给人带来充实的是奋斗的过程而不是最后的结果,那才是我们活得精彩的证明。

即便是最简单的成功也需要漫长的努力。自己做好心理准备,去面对未来可能发生的任何状况:得不到的辛酸,得而复失的痛苦,黑夜里看不到星光的迷茫,一切你都要有足够的勇气继续面对。你要做的就是清空自己的内心,坚持你认为对的,克服自己的惰性,把想法化为行动一直坚持下去。即便再困难,也要告诉自己,坚持下去总会变好的,总会看到阳光明媚。

那些成功的人比我们多了什么惊人的本领?造成天壤之别的原因是你有没有足够的信念。成功者之所以能够成功,不在于他们的出身有多好、他们多么聪明智慧,而在于他们可以把你觉得枯燥的事情坚持千万遍。就算未来渺茫,前途黯淡,他们都会保持本心,给自己足够多的时间,并抱着美好的希望。他们明白,如果花还没开,只是时间未到。时间到了,自然会红遍整个花园。

我的同学恺,如今在北京混得有模有样,穿着知名品牌的商务西服,住着望京的房子,开着奥迪轿车,简直就是一派成功模样。然而刚到北京时的艰辛也只有他自己真正体会过。

10年前的他住的是怎样的地下室;10年前的他回老家只能买得起硬座火车票;10年前的他是在怎样的人生低谷——丢了工作,女友也跟人跑了,心灰意冷的他卷起铺盖发誓这辈子再也不北漂,最后一刻一咬牙还是选择了继续挺下去。

和所有成功者的奋斗史相似,他开始做各种兼职,更加努力地工作,自学英语考雅思,攻读MBA,所有的艰辛付出在5年后渐渐有了回报。

坚持到现在,梦想终于开出美丽的花朵。

其实,我们每个人都不是一帆风顺的,从一无所有的小年轻蜕变成通过双手让自己过上富足生活的中青年,需要经历太多的困苦与磨难。有人用5年过上自己想要的生活,有人要用10年,有人也许穷其一生都在追求梦想的路上。但我们都知道,只要不懈努力,坚持到底,梦想之花总有一天会在汗水中绽放。

你现在每一次为梦想的付出都是在未来的蓝图上画一笔,等到蓝图画好的那一天,你会发现那宏伟的蓝图上少了任何一笔都不行。梦想是一幅巨大的画轴,你的每一次行动都是在为看不见的未来添上一笔重彩。刚开始的时候,你也看不出来它的样子,只要你坚持,总有一天,它会出现在你的面前。

如果花还未绽放,那只是时间还未到。永远对未来抱有期许,并为之不懈奋斗,只要你不放弃,只要你每天都在努力,未来就会越来越近。虽然你不知道自己要经历多少量的积累才能达到质的爆发,但是只要相信自己,像等待曼珠沙华那样等待自己的梦想之花开放,努力的人总会遇到属于自己的幸运。

平凡简单,安于平凡不简单

▸ 落落是我们小区里唯一没上完高中的女生。

高三那年,她被分到了普通班,没过几天,她就告诉爸爸说不想上学了。她觉得以她的成绩,只能勉强考上普通大学,她想学一门热门的手艺,让自己有安身立命之本。一个月后,她去了外地,学习服装设计。

再次见到她时,我已经上大学了。

一次,我一个人在家看电视时,她过来给我做了一碗热腾腾的面,还打上了荷包蛋。我笑赞她变贤惠了,她轻轻地说,一个人在外,做饭只是生活的必备技能。

她偶尔会翻我的书,看到《西方经济学》《国际贸易》等书时,眼睛一亮,问我,上大学有意思吗?我对她说,我们如何逃过了点名,教授如何的放任,学校食堂里的饭菜多么难吃,我们宿舍有多爱聊天……她静静地听着,最后说道:"呵呵,跟我们的状况不一样。我们都在学剪裁呢!"

很久以后,我听过一个词叫"新常态"。那时,我们的常态就是念书上大学,我们不理解她的选择,但见了面也只是嘿嘿一笑说一句"你真酷",她也从不解释什么。我想,她选择了一种新常态。

有一次,她打电话来借500元,两个月后还给了我。原来,那段时间她在找工作,钱用完了。读服装设计的事让她妈妈生气了半年,所以她不好意思向妈妈要钱。她就用这500元撑过了半个月,口袋里还剩10元的时候,她去买了彩票,竟然中了300元。她说,在那一刻,她又相信了自己的选择。一周后,她被一家服装公司录用了。然后,从服装助理升职到助理设计师,再到设计师。市面上开始出现她设计的作品。后来,她回到老家,租了一间市中心的旺铺,做高端服装。

她说,当时,以她的成绩只能上一所普通大学,毕业后当一个普通职员,与普通人结婚度过一生。但这不是她想要的人生。她想另辟蹊径,虽然她也恐惧,可是她想在拼得起的年纪里去拼一下。

她的话深深地震撼了我。一直以来,我都被外界安排着,随遇而安,得过且过。当时已经24岁的我,依然一无所有,一种莫名的不安涌上心头。我开始思考自己到底喜欢什么,想要什么。

两年后,我升了职,可是并不开心。我想到了她,她的事业一定很顺利吧,谁料她说:"我的店在半年前就关门了,亏损了很多钱。"

我惊诧地问:"那你怎么还这么快乐?"

她笑嘻嘻道:"因为我要生宝宝了啊!"

她与男方闪婚不过三个月。

我说:"你这样匆忙,靠谱吗?"

她说:"结婚这件事,我还真没想那么多。"

我愣了愣说:"你这赌注下得有点儿大。"

她避开了我的话题,问:"你出什么事了?是感情上的吗?"

我说:"是。"

她说:"离开的都不是对的人,不用难过。"

时间是抚平一切伤痕的良药。我进入了婚姻,继续为事业拼搏。她抱着可爱的宝贝出现在了我面前,素颜素衣,笑得甜甜的,看起来那么普通,在人群中一不小心就被淹没了。她笑着对我说,这不就是生活吗?

我们一起看着初中的毕业照,曾经那个打篮球很好、学习成绩第一、长相又帅气的男孩,如今是一个上班从不迟到、认真努力的企业中层管理员;曾经的班花,如今带着孩子在商店与菜市场之间穿梭;曾经班里最捣蛋的留着长发的男孩,如今剪了平头,对人谦和有礼,等等。

在时间的长河里,我们无法逆流而上。时间让我们在某个阶段自命不凡,让我们在某人眼里卓尔不凡。可是,最终,回归平凡是唯一的答案。

她噘噘嘴,指了指她的宝贝儿说道:"不知道这个小家伙以后会选择什么,又会在哪个阶段闪耀发光?"

是啊,此时,宝贝儿在她眼里是可爱的,可是未来她的宝贝会有怎样的人生,会在哪里跌倒、在哪里耀眼,谁也不知道。我们唯一知道的是大部分人终究会归为平凡,可是平凡不就代表着平安吗?

周国平说,人世间的一切不平凡,最后都要回归平凡,都要用平凡生活来衡量其价值。伟大、精彩、成功都不算什么,只有把平凡生活真正过好,人生才是圆满。

我们最终都会归为平凡,但时间会让我们在某一阶段成为别人眼中的不凡。但愿某一天你被别人提起的时候,也算是个有故事的人,不至于成为泛泛之辈,在岁月的沧桑中被草草带过。

别为了一时舒适,透支了未来的自由

▸

有个关系很好的学姐的经历令人唏嘘感叹。

我认识她的时候正上高中,她成绩非常好,是同学眼中的学霸,轻轻松松就考上了理想的大学。大学毕业后,她被直接保送研究生,又顺利地申请到了一个海外知名大学的读博资格。

按理说,一般写到这里,她就已经是很多人眼里的人生赢家了,可是接下来发生的事情才是重点。

在读博士期间,她认识了她的男朋友,也就是她后来的老公。她老公对她十分照顾,但就是觉得她不应该出去工作。在他的观念里,女人就是弱者,需要男人的保护,保护她的身体,保护她的生活,接管她后面的人生。

为了迁就男朋友,学姐读博期间就开始把精力投入经营婚姻关系上,为此她把读博的时间拉长到7年,还差点儿没毕业。等她拿到学位时,已经30多岁了,这时女儿刚出生,她老公家里已经买好了房子,让她什么也不用操心,只需要在家带孩子就好。她本来想找个离家近的工作,在公婆的劝说下放弃了这个念头,专心在家带起孩子来。

女儿5岁时,她觉得终于可以做自己的事情了。刚动了找工作的念头,她公婆又以必须生儿子为由,让她在家继续生二胎。

我再一次见到她的时候,她刚生下第二个女儿,和婆家之间也为此有了一些龃龉。她想找工作,可是刚出生的小女儿没人带,她年龄已近40,再带几年孩子就彻底没有找工作的希望了。虽然去过几家公司,但是跟同事相处起来远远没有在家舒服,都是待了一个多星期就离职了,所以到现在几乎等于一点儿工作经验都没有。

在回忆自己当初结婚的日子时,她说,刚结婚时,是她过得最舒服的几年,也不用自己做饭洗衣服,也不需要为钱操心,谁知道没过两年,他们家人就变了。

其实,学姐的这个故事模式,并不仅仅在她一个人身上发生过。这样的事情我在好几个女性朋友身上都见过,每个人的结局都差不多。这些故事里的人都有一个共同点,她们面对生活时,都为了享受别人提供的舒适,放弃了自我奋斗的可能性。

我朋友曾告诉我,她读大学时,班上有个和她关系不错、英语学得很好的女同学。毕业后,我朋友建议那个女同学和她一样进外企,把自己学到的专业技能学以致用。这样,她们两个人,都可以在职场上磨砺成英语口语达人。但是她同学主动选择了回小地方做文员的工作。她的同学认为，选择在大城市工作，意味着自己要承受巨大的奋斗之苦，过着一种顶着各种压力操心工作、每天早出晚归的日子。与其这样，她宁可回老家，找一份轻松还不用操心的闲职，住父母给的房子，吃他们做的饭，到手的工资虽少，但都可以攒下来。

朋友说，因为她们两个人当时选择了不同的道路，所以后来慢慢也就走上了不同的人生。她的同学因为生活太安逸，慢慢封闭了自己的思维，放纵自己的欲望，每天闲暇时间都用来打游戏、追剧，完全放弃了曾经在学校时的理想和追求。两人再见面时，已经没有任何共同话题了。

又过了几年，她的同学因为沉迷游戏不顾家庭和老公离了婚，把孩子扔给老人，托我朋友帮忙找工作。她问同学有什么相应的技能，同学摇摇头说："哪还有什么技能，我学到的那些东西，这么多年来早就还给老师了。"就这样，她帮她同学看了好多工作，可同学不是嫌离家远就是嫌工资低，大半年还没有找到一个合适的岗位。

她们的经历，让我想起了一句话：不要在该吃苦的时候选择安逸。当我们离开学校踏入社会时，就应该明白这一点，成年人的世界里，没有活得轻松的人。如果一个人活得轻松，那只是因为有人替他承担了他本来应该去承担的那份责任。

别人都承担着自己的责任，而你却在舒适的生活里看不清未来，总有一天，你会因此而付出代价。

不管是我的学姐，还是朋友的女同学，她们都为自己曾经选择的舒适生活付出了代价。没有人能长久承担他人应该承担的责任，每个人最终都要靠自己面对人生。

我不只听一个人说过：如果我有很多钱，那我就每天什么也不干，天天躺在家里又吃又睡，那样该有多舒服啊！

很多人之所以有"有吃有喝有玩没有束缚就是最好的生活"这类的想法，是因为他们还没有触碰到真实世界的肌理，还没有摆脱头脑中的固化思维。这个世界是守恒的，欲望被无限满足的舒适感是不会带来长久快乐的，只会带来长久的空虚。

没有人能享受真空般的快乐而不用付出任何努力。很多表面上看起来轻松的人，背地里其实承受着巨大的压力，只是他们未必把这种压力展示出来而已。

其实，真正自由的生活方式，是认清这个社会的状况后仍清醒地活着。为什么有时候就连父母给我们的安逸生活都会令我们感到不快呢？那是因为每个人的生命里，或多或少都有着对自由的渴望。当我们放弃了靠自己强大，在束缚中寻找舒适感和稳定感时，我们也许就会为此付出自由的代价。

安于这种不需要自我奋斗的舒适，其实是把自己的人生交付给别人，放弃了增长自己实力的机会，也放弃了自由选择的资本。

拒绝让安逸的环境消磨自己的意志，是为了给自己的未来增加砝码，让自己在风雨中锤炼出应对风险的本领，让未来的人生选择不至于太狭隘。

不要害怕离开自己的舒适区。人们嘲笑的从来都不是梦想和追求，而是一个人的志大才疏。无惧风雨，笑对人生，这些不是安逸和舒适能滋养出来的生命品格，而是一次又一次碰撞真实的世界所带来的生命厚度。真正清醒的人，在该努力的时候绝不会拒绝吃苦，在该奋斗的年纪决不会拒绝风雨，他们明白，只有拥有绝对的实力，才能自由选择自己的人生。

趁一切还来得及,去做自己喜欢的事

▸

朋友跟我分享了一个有关他邻居的故事。

那一年他们都在上高三,正是学业最繁忙的时候,每天都不敢松懈。而这位邻居除了要完成学业外,竟然还有精力和时间学习弹吉他。

当时,他弹吉他的水平实在让人不敢恭维,曲不成曲、调不成调,已然成为噪声污染。刚开始大家看到他勤学苦练,纷纷竖起大拇指称赞他。可没过多久,楼上的人实在听不下去了,登门劝说:"你再这样弹下去,恐怕就要挂上'扰民'的罪名了。"他脾气很好,非但不生气,还笑呵呵地答应对方再也不练了。

大家以为他会就此放弃了,没想到,他只是换了阵地,改到附近的小花园里练了。朋友每次从窗口向外望去,都能看见他那孤单的背影。"我也曾为他心急,既然没有天赋,为何还要如此辛苦?不由得为他感到担心,这样做到底值不值得?"

有次他们在学校遇到了,朋友问他:"吉他弹得怎么样了?"他轻松地说:"挺好的,一直都有进步。"

他兴奋地谈论着学吉他多么有趣,一边说一边比画,朋友看到他所有的手指都裹着白色的医用胶布。他"嘿嘿"地笑了,说是自己比较笨,别人学几遍就能掌握的要领,自己非要练很久才能学会,反复地练习,指腹就被磨成这样了。

朋友看着那些伤口感到胆战心惊,十个手指都缠着胶布,那得是怎样的坚持和拼命才会受这样的伤啊!其实朋友当初也很喜欢吉他,但在看到邻居惨不忍睹的下场之后,就放弃了。再加上都在忙着准备高考,忙着应付各种题海战术,所以学吉他这事就成了朋友生命里的一个小插曲,转眼就忘记了。

直到上了大学,有一次朋友参加社团举办的联谊活动,看见一个男生正在台上表演吉他,才想起了邻居当年苦学吉他的事情,也好奇他后来有没有将吉他继续练下去。

朋友趁着放假,专门去找了那位邻居。邻居给他弹了一首歌,让朋友刮目相看,那感觉简直就像是在听现场版的伴奏。

朋友跟我说,那天邻居的表现让他格外吃惊,除此之外,朋友还感到后悔,更有那么一丝丝嫉妒。

"事到如今,你有什么好后悔的呢?你是没有跟他一样多的时间,还是没有他那个经济条件?是买不起资料书,还是买不起吉他?"被我这么一问,朋友不吭声了。

当初,你与他一样,都对吉他有着强烈的兴趣,只是因为看到他在练习吉他时受到了质疑，看到他十指受伤缠裹着胶布，你就早早放弃了。你不明白：为什么他伤痕累累却还能笑得出来，还说弹吉他是他目前为止做过的最快乐的事；为何他受了那么多苦，却仍然会感到快乐。这些事你始终都想不通。

如今，他弹得一手好吉他，看到他每次表演吉他时所展现出来的自信，让他变得魅力非凡，你不禁心生后悔，甚至嫉妒。你嫉妒的是，他现在学会的东西也是你曾经热爱的；你后悔的是，当年你若像他一样刻苦，也可以学得像他一样好，可那时你却偏偏停住了脚步。

那时候的你，认为时光如此漫长，还有很多别的事要去做，所以对弹吉他的事持观望态度。看着那些因为"鲁莽"而泪流不止，因为"冲动"而头破血流，却依然前行的人，你唏嘘不已。你心里住着一个魔鬼，它告诉你，不要走他们的路。

看看他们为了达到目标而受的伤，你不想变得跟他们一样，你不想独自一人去承受孤独，你害怕失败带来的恐惧，所以你望而却步。

放弃的原因大多是害怕失败，更怕失败后被人笑话，所以你小心翼翼地往前走。可你忘记了，其实越怕失败就越会失败，越是止步不前就越是一无所获，只有勇往直前，不畏挫折，才有可能迎来成功的希望。

有时候,我们总是把成功想得太简单,把梦想的实现看得太容易。如果你仔细去研究那些曾经默默无闻,后来却大放光彩的人,你就会明白,他们是经历了无数次的磨难才修成正果的。这世上从来没有人能够随随便便就成为自己所满意的人。

可能我们认为邻居手上的伤口触目惊心,或许在他眼中那只不过是习以为常的小疤,甚至当你问起伤口的来历时,他还会自豪地抬起手,骄傲地向你展示,这是他实现梦想的真实证明。

他们早就忘记了疼痛的滋味了,也早就不在乎那些受过的伤了。他们曾经因为热爱而全神贯注地为梦想努力过,在这过程中得到的快乐是无穷的,结果对于他们而言已经没那么重要了。如果你去问,他们会高兴地为你描述当时是怎样跨过了那些沟沟坎坎,他们会告诉你,那是他们人生中最充实的时光。

因为热爱,所以执着,做自己喜欢的事就不怕吃苦。这是那些头破血流却依然乐在其中的人告诉我们的道理。

看着那些和你一同开始的人,现在一个个都走得越来越远、越来越稳,而你却没能和他们一样坚持到底,你的人生依然在动摇中。你的心难道不会有所触动吗?

那个朋友跟我说,他现在真的后悔了,倒不是因为高中的时候没有学吉他，而是至今还没有认认真真地去做过一件事。这次的心痛，让他看清了自己，也更加明白了以后的路要怎么走。

微博上有一段话："总不能流血就喊痛，怕黑就开灯，想念就联系，疲惫就放空，被孤立就讨好，脆弱就想家。不要被现在蒙蔽双眼，终究是要长大，有些路总要一个人走。"

是的，我们终究要长大，长大意味着要适应困境带来的挫折，要学会坚强和独立。虽然这个过程会很痛，但熬过之后，你就可以看到不一样的自己。

当你熬不住想要放弃的时候，不妨想想我那个朋友的邻居。热爱吉他的他，即使是有沉重繁忙的学业，也没有轻易地放弃，别人的打击也没能让他动摇，最后他终于弹得一手好吉他。

而你从前总是"三天打鱼，两天晒网"，对一切事情都持观望态度。现在你要想清楚的是，依然浑浑噩噩，还是认认真真地去做一件让自己不后悔的事情。

他们的痛是他们的，只有你的痛才是自己的。如果你从未痛过，又怎能知道那些痛自己能不能承受，能不能熬过去，能不能也如他们那般风雨过后见到彩虹呢？

没有看到想要的美好，只是因为你还没有用尽全力。你只有认真努力过，才有资格说热爱；你只有勇敢尝试过，才有权利说放弃。

第八章　不惧将来
时间和我都在往前走

为了不让生活留下遗憾,我们应该尽可能地抓住一切可以实现梦想的机会。趁一切还来得及,去做你真正想做的事。人生有无限可能,我们要努力才能看得到辉煌,否则只能随波逐流地沦为平庸之辈,没有精彩可言。